圖形演算法
Apache Spark 與 Neo4j 實務範例

Graph Algorithms
Practical Examples in Apache Spark and Neo4j

Mark Needham and Amy E. Hodler 著

張靜雯 譯

O'REILLY®

目錄

序

連結驅動著這個世界—從金融和通信系統到社會和生物過程（social and biological processes）。若能揭開這些連結背後的意義，將推動各領域的突破，不論是在識別詐欺集團、增加群體的強度的最佳建議和預測級聯失敗等領域。

隨著資料連結的不斷加速增長，人們對圖形演算法的興趣已經爆發，這並不奇怪，因為它們是基於數學，明確地用於從資料之間的關係中獲得更多資訊。圖形分析可以揭示任何大規模組織複雜系統和網路的運作情況。

我們對圖形分析的實用性和重要性充滿熱情，也從揭開複雜場景內部情況得到樂趣。近期之前，採用圖形分析還需要大量的專業知識和決心，因為工具和套件都很難用，而且很少有人知道如何用圖形演算法解決他們的窘境。我們的目標是幫助改變這一切。我們寫這本書是為了幫助組織利用圖形分析，讓他們能夠更快地找到新的發現和聰明的解決方案。

本書內容

本書是一本實用指南，為有使用 Apache Spark 或 Neo4j 經驗的開發人員和資料科學家提供圖形演算法入門。儘管我們的演算法示範使用了 Spark 和 Neo4j 平台，但無論您選擇哪一種圖形技術，本書也將有助於理解基礎的圖形概念。

前兩章介紹了圖形分析、演算法和圖理論。第 3 章簡要介紹本書中使用的平台，後面的內容分為三章，重點介紹經典的圖形演算法：路徑查找、中心性和社群檢測。最後，我們用兩章來總結這本書，展示了在你的工作流程中如何使用圖演算法：一章用於一般分析，另一章用於機器學習。

在每類演算法的開頭,都有一個參考表格來幫助您快速跳到相關的演算法。而對於每種
演算法,您將看到:

- 對演算法功能的解釋

- 演算法的使用範例,以及您到哪裡可以瞭解更多資訊

- 範例程式提供了演算法具體使用方法,可能是 Spark 或 Neo4j 範例,或是兩者都提
  供

本書編排慣例

本書使用以下的編排規則:

斜體字(*Italic*)

  代表新的術語、URL、電子郵件地址、檔案名稱及副檔名。中文以楷體表示。

定寬字(`Constant width`)

  代表程式,也在文章中代表程式元素,例如變數或函式名稱、資料庫、資料類型、環
  境變數、陳述式,與關鍵字。

定寬粗體字(`Constant width bold`)

  代表指令,或其他應由使用者逐字輸入的文字。

定寬斜體字(`Constant width italic`)

  代表應換成使用者提供的值,或依上下文而決定的值。

這個圖示代表提示或建議。

這個圖示代表一般注意事項。

這個圖示代表警告或小心。

使用範例程式

本書程式碼範例補充材料（程式碼範例、練習等）可從 *https://resources.oreilly.com/examples/0636920233145* 下載。

本書的目的是協助你完成工作。一般來說，你可以在自己的程式或文件中使用本書的程式碼而不需要聯繫出版社取得許可，除非你更動了程式的重要部分。舉例來說，為了撰寫程式，而使用本書中數段程式碼，不需要取得授權，但是將 O'Reilly 書籍的範例製成光碟來銷售或散佈，就絕對需要我們的授權。引用這本書的內容與範例程式碼來回答問題不需要取得許可。在你的產品文件中加入本書大量的程式碼需要取得許可。

如果你在引用它們時能標明出處，我們會非常感激（但不強制要求）。在指明出處時，內容通常包括書名、作者、出版社與國際標準書號。例如：*"Graph Algorithms* by Amy E. Hodler and Mark Needham (O'Reilly). Copyright 2019 Amy E. Hodler and Mark Needham, 978-1-492-05781-9"。

如果你覺得自己使用範例程式的程度超出上述的允許範圍，歡迎隨時與我們聯繫：*permissions@oreilly.com*。

致謝

我們在籌備本書的過程中非常開心，並感謝所有幫助過我們的人。我們要特別感謝 Michael Hunge 的指導，Jim Webber 的寶貴編輯，Tomaz Bratanic 的精湛研究。最後，我們非常感謝 Yelp 允許我們使用其豐富的資料集作為強大的範例。

前言

以下的事情都有共通點：市場歸因分析、反洗錢（AML）分析、客戶旅程建模、安全事件因果因素分析、文獻探勘、詐欺網路檢測、網際網路搜索節點分析、地圖應用建立、疾病聚類分析，以及分析一齣 William Shakespeare（威廉‧莎士比亞）的戲劇。正如你可能已經猜到的，所有這些事情的共同點是圖形，佐證了莎士比亞「世界就是一張圖形（All the world's a graph!）」的說法。

好吧！莎士比亞那句話中寫的不是圖形，他寫的是舞臺（譯按：世界就是一座舞臺）。不過，請注意，上面列出的事情都包含實體及實體之間的關係，關係又包括直接和間接（傳遞）關係。實體是圖中的節點——它們可以是人、事件、物件、概念或位置。節點之間的關係則是圖形中的邊（edge）。因此，莎士比亞戲劇的本質不就是鮮明描繪實體（節點）及其關係（邊）嗎？ 因此，也許莎士比亞可以用「圖形」二字來改寫他那著名的宣言。

讓圖形演算法和圖形資料庫如此有趣和強大的，不是兩個實體之間的簡單關係（A與 B 之間存在關係）。畢竟，資料庫的標準關聯式模型的基礎，實體關聯圖（entity relationship diagram，ERD）中，早在幾十年前就實例化了這種類型的關係。使圖形如此重要的是方向關係和傳遞關係。在方向關係中，A 可能導致 B，但反過來不行。在傳遞關係中，A 可以與 B 直接相關，B 可以與 C 直接相關，但 A 和 C 沒有直接關係，所以A 和 C 有傳遞關係。

有了傳遞關係後──特別是當這些關係數量很多而且種類多樣，具有許多種可能的關係／網路樣式，實體間的不同的分支展開程度──圖形模型可以揭示關聯式資料庫無法偵測到的實體間關係，即使實體間看起來沒有連接或是毫不相關。因此，圖形模型可以有效地應用於許多網路分析情境中。

參考一下這個行銷歸因的情境用例：A 看到行銷活動；A 在社交媒體上談論它；B 與 A 有聯繫並看到評論；然後，B 購買產品。從市場行銷活動經理的角度來看，標準的關係模型無法確定歸因，因為 B 沒有看到該活動，而 A 沒有對該活動做出回應。活動看起來像失敗，但它的實際成功（和正面的投資回報率）是透過行銷活動和最終客戶購買之間的傳遞關係，透過中間人（中間的實體），由圖形分析演算法發現的。

接下來，參考一個反洗錢（AML）分析案例：A 和 C 涉嫌非法販毒。這兩人之間的任何互動（例如，金融資料庫中的金融交易）都將被當局標記，並受到嚴格審查。但是，如果 A 和 C 從未一起交易業務，而是透過一位安全、無不法記錄和沒有被金融標記的 B 進行金融交易，那麼該如何挑出這樣的交易呢？用圖形分析演算法！圖形引擎會透過中間人 B 發現 A 和 C 之間的傳遞關係。

在網際網路的搜索中，主要的搜尋引擎使用超連結網路（以圖形為基礎）。演算法在整個網際網路上查找任何給定搜索詞的中心權威節點。在這種情況下，邊的方向性至關重要，因為網路中的權威節點也是許多其他節點指向的節點。

文獻探勘（LBD）──是一個知識網路（以圖形為基礎）的應用，它能夠在數千（甚至數百萬）篇研究期刊文章的知識庫中找到重大的發現──「隱藏的知識」只有透過已發表的研究結果之間的關係才能被發現，這些研究結果可能有很大的分支展開（傳遞關係）。LBD 正被應用於癌症研究，在癌症研究中，症狀、診斷、治療、藥物相互作用、遺傳標記、短期結果和長期後果中所含大量語義醫學知識，可能「隱藏」以前未知的治療方法或對難症病例的有益治療。知識可能已經存在於網路中，但我們需要把線索串連起來才能找到它。

前面列出的情境用例中，所有透過圖形演算法進行網路分析的範例，都可以看出圖形化的威力。每個案例都與實體（人、物件、事件、行動、概念和地點）及其關係（接觸點，因果關係和簡單關係）密不可分。

在考慮圖形化的威力時，我們應該記住，在現實世界的圖形模型中，最強大的節點可能是「上下文（context）」。上下文可能包括時間、位置、相關事件、附近的實體等等。將上下文合併到圖形中（作為節點和邊），可以製造出令人印象深刻的預測分析和診斷性分析能力。

Mark Needham 和 Amy Hodler 的圖形*演算法*這本書，旨在拓寬我們對這些重要類型的圖形分析的知識和能力，包括演算法、概念和落實在機器學習應用。從基本概念到重要的演算法，再到處理平台和實際用例，作者為美妙圖形世界編寫了一本兼且指導性和說明性的指南。

— *Kirk Borne, PhD*
Principal Data Scientist 和 Executive Advisor
Booz Allen Hamilton
March 2019

## 第一章

引言

圖形是電腦科學的共通主題之一，它是一種描述運輸系統、人與人之間互動和
電信網路組織的抽象表示。許多不同的結構，都可以使用同一個形式來建模，
提供學過圖形的程式師一個巨大的力量。

　　　　　　　　　　　　　—演算法設計手冊作者 *Steven S. Skiena*（*Springer*）

　　　　　石溪大學（*Stony Brook University*）資訊工程傑出教學教授

現今在資料處理上，最大的挑戰都集中在關係處理，而不只是將離散資料做成表格而已。
學術研究、社會活動和商業行為使用了連結性資料，圖形技術和圖形分析為這類連結性
資料提供了強大的工具，例如：

- 為金融市場到資訊科技的變動環境進行建模
- 預測傳染病的傳播，以及服務延遲與中斷
- 為機器學習找尋預測的特徵值，以打擊金融犯罪
- 找出個人化體驗與推薦

由於現今資料間的連結性和系統的複雜度提升，所以使用資料中豐富且不斷發展的關係，
是很重要的課題。

本章介紹了圖形分析和圖形演算法。在介紹圖形演算法和解釋圖形之間的區別以及圖形
處理之前，我們將簡短地介紹圖形的起源。我們將探討現代資料本身的性質，以及資料
連接關係中包含的資訊如何比我們用基本統計方法能發現的更為複雜。本章也會歸納哪
些地方適用圖形演算法。

什麼是圖形？

圖形的歷史可以追溯到 1736 年，出現在當李昂哈德‧歐拉（Leonhard Euler）解決了柯尼斯堡（Königsberg）七座橋的問題時。該問題是，柯尼斯堡有四個由七座橋相連的區域，請問是否有可能藉由七座橋走遍所有區域，而且每座橋只能走過一次，這個問題的答案是不可能。

歐拉認為問題只和連接相關，因此為圖論及其數學奠定了基礎。圖 1-1 用一張歐拉的原始草圖描述他的做法，該草圖來自於論文 *Solutio problematis ad geometriam situs pertinentis*（*http://bit.ly/2TV6sgx*）。

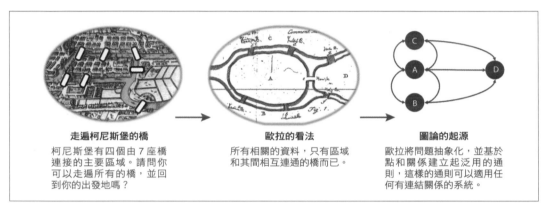

走遍柯尼斯堡的橋

柯尼斯堡有四個由 7 座橋連接的主要區域。請問你可以走遍所有的橋，並回到你的出發地嗎？

歐拉的看法

所有相關的資料，只有區域和其間相互連通的橋而已。

圖論的起源

歐拉將問題抽象化，並基於點和關係建立起泛用的通則，這樣的通則可以適用任何有連結關係的系統。

圖 1-1　圖論的起源。柯尼斯堡（*https://bit.ly/2JCyLvB*）城市中，包括兩個相互連接的大島和兩個由七座橋連接的的主要陸地。謎題是創造一個步行穿過城市的路徑，這個路徑要跨越每座橋一次，而且只能一次。

圖形雖起源於數學，也是一種實用的、高保真的資料建模和分析方法。構成圖形的物件稱為節點或頂點，它們之間的連結稱為關係、連結或邊。我們在這本書中使用了 **節點**（*node*）和 **關係**（*relationship*）這兩個術語：你可以把節點看作句子中的名詞，把關係看作節點與節點間的動詞。為了避免混淆，我們在這本書中討論的圖與圖 1-2 中的那種圖形方程式或圖表沒有任何關係。

請看圖 1-2 中的人物圖，我們可以很容易地造出幾個句子來描述它。例如，A 和擁有一輛車的 B 住在一起，而 A 駕駛的是 B 的車。這種建模方法很有吸引力，因為它很容易映射到現實世界，並且非常容易畫出來，這一點有助於保持資料建模和分析間的一致性。

但是做出建模圖只是故事的一半。我們可能也希望透過一些處理，來揭示出不明顯的資訊，這便是圖形演算法的領域了。

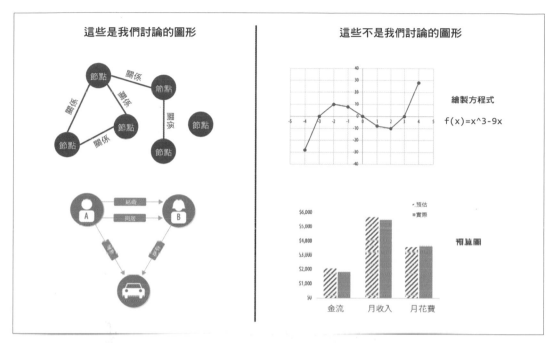

圖 1-2　圖是一種網路的表示法，通常用圓圈表示節點，用線條表示關係。

什麼是圖形分析和圖形演算法？

圖形演算法是圖形分析工具的子集。圖形分析是一種動作，它使用任何基於圖形的方法來分析連接的資料。我們可以使用各種方法：查詢圖形資料、使用基本統計資料、視覺化地瀏覽圖表，或者將圖形合併到我們的機器學習任務中。圖形樣式查詢通常用於本地資料分析，而圖形計算演算法通常涉及更多的全域和迭代運算分析。這些分析類型在用途上儘管存在著重疊，但我們使用術語*圖形演算法*（*graph algorithm*）來代表後者，即含更多的計算分析和資料科學的用途。

網路科學

網路科學是一個根植於圖論、涉及物件間關係數學模型的學術領域。由於資料的大小、連通性和複雜性，網路科學家依賴於圖形演算法和資料庫管理系統。對於複雜性和網路科學，有許多很棒的資源，這裡有一些參考資料供您探索。

- *Network Science*（*http://networksciencebook.com/*）由 Albert-László Barabási 編寫，是一本入門型電子書

- Complexity Explorer（*https://www.completityexplorer.org/*）提供線上課程

- The New England Complex Systems Institute（*http://necsi.edu/*）提供各種資源和論文

圖形演算法是分析連結資料最有效的方法之一，因為它的數學計算是專門為處理關係而建構的。圖形演算法描述了一些步驟，這些步驟用來處理圖形，以發現其一般性質或特定數量的步驟。基於圖論的數學基礎，圖形演算法利用節點之間的關係來推斷複雜系統的組織和動態。網路科學家使用這些演算法來發現隱藏的資訊、測試假設，以及對行為進行預測。

圖形演算法具有各式各樣的潛力，從防止詐欺和優化呼叫路由到預測流感的傳播。例如，我們可能希望為電力系統中的超載節點作評分，或者我們可能想要在圖形中根據擁塞程度，為傳輸系統節點做分組。

事實上，在 2010 年時美國航空旅行系統經歷了兩個嚴重的事件，這兩個事件涉及多個繁忙的機場，後來的研究就是使用了圖形分析。網路科學家 P. Fleurquin、J. J. Ramasco 和 V. M. Eguíluz 使用圖形演算法確認事件是系統級延遲的一部分，並將此資訊用於糾正建議，這些資訊描述在他們的論文 *Systemic Delay Propagation in the US Airport Network*（*https://www.nature.com/articles/srep1159/*）中。

為了使空中交通的網路形象化，Martin Grandjean 在他的文章 *Connected World: Untangling the Air Traffic Network*（*http://bit.ly/2CDdDiR*）中創建了圖 1-3。這幅圖清楚地展示了航空運輸集群高度連接的結構。許多交通系統都呈現出連結集中分佈的情況，這種連結情況有明顯的軸輻模式（譯按：星狀網路拓樸），這種模式將影響延遲的狀況。

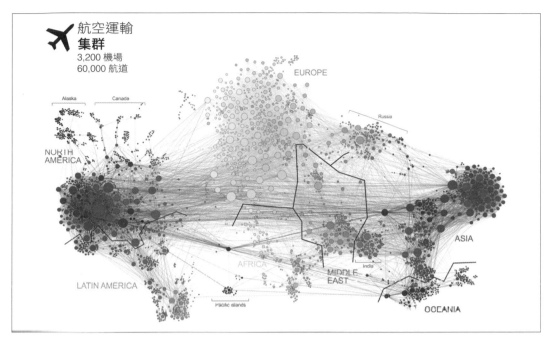

圖 1-3 航空運輸網路展示了多種大小的軸輻結構，這些結構決定了運輸流。

圖形也有助於揭示極小的互動和變動如何導致全域突變。它們將微觀和宏觀尺度聯繫在一起，精確地呈現出全域結構中哪些東西有互動關係。這些關聯用於預測行為和找出缺少的連結。圖 1-4 是一個草原物種間的食物鏈，它使用圖表分析來評估階層組織和物種間的相互作用，並且預測缺失的關係，在 A. Clauset、C. Moore 和 M. E. J. Newman 的論文 *Hierarchical Structure and the Prediction of Missing Links in Network*（*https://www.nature.com/articles/nature06830*）中有詳細描述。

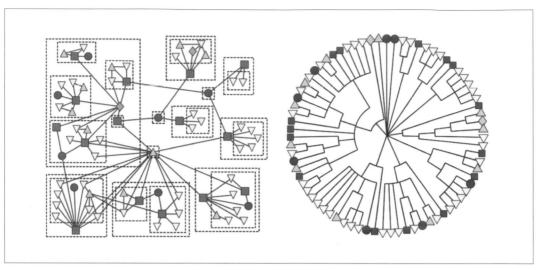

圖 1-4 草原物種的食物鏈圖，使用圖形將小規模的相互關係與大的結構連結起來。

圖形處理、資料庫、查詢和演算法

圖形處理有多種方法，以圖形工作流程與工作種類區分。多數的圖形查詢都牽涉了圖的一部分（例如，起始節點），而工作通常集中在周圍的子圖形中。我們將這種類型的工作圖稱為圖形局部（*graph local*），它意味著宣告式查詢一個圖的結構，正如 Ian Robinson、Jim Webber 以及 Emil Eifrem 在 *Graph Databases*（O'Reilly）一書中所解釋的那樣。這種局部圖形的處理常用於即時事務和樣式為基礎的查詢中。

在談到圖形演算法時，通常會尋找全域模式和結構。演算法的輸入通常是整個圖，輸出可以是一個加了更多料的圖或一些聚合過的值，如一個評分。我們將這種處理歸類為圖形全域（*graph global*），它通常使用計算型的演算法（通常要多次迭代）處理圖形的結構。這種方法透過網路連接揭示了網路的整體性質。組織傾向於使用圖形演算法來建模系統，並根據事物的傳播方式、重要元件、分組標識和系統的整體強健性來預測行為。

這些定義可能有些重疊的部分，也就是說有時我們可以使用某種演算法處理來回應局部查詢，但也可以用同一種演算法處理來回應全域問題。但簡單地說，計算型演算法的處理是對整個圖進行操作，而資料庫中查詢的則是局部圖形。

傳統上，交易處理和分析都是被分開的，這是一種基於技術限制的非自然區隔。我們的觀點是，圖形分析能提升更聰明的交易處理，這為進一步分析創造了新的資料和機會。最近出現了一種趨勢，將交易處理和分析結合起來，達成即時的決策。

OLTP 和 OLAP

線上交易處理（*online transaction processing*，OLTP）操作通常是短期活動，如預訂機票、查詢帳戶額度、預訂銷售等等。OLTP 意味著大量的低延遲查詢處理和高資料完整性。儘管 OLTP 每個交易可能只涉及少量記錄，但系統可是同時處理許多事務的呢！

線上分析處理（*online analytical processing*，OLAP）有助於對歷史資料進行更複雜的查詢和分析。這些分析可能包括多個資料來源、格式和類型。檢測趨勢、進行假設分析、預測和發現結構模式都是典型的 OLAP 的應用。與 OLTP 相比，OLAP 系統處理的交易次數較少，但每次交易包含許多記錄執行時間較長。OLAP 系統傾向於快速讀取，但不像 OLTP 過程中會做交易更新，OLAP 常會進行批次處理操作。

然而，最近 OLTP 和 OLAP 之間的界線開始變得模糊。現代資料密集型應用程式將即時交易操作與分析相結合。會有這種處理上的合併是由軟體發展造就的，而軟體發展又是由幾件事情所推動的，例如可擴展的交易管理和與日俱增的串流處理，以及成本更低、硬體配備更多記憶體。

將分析和交易結合在一起，使得分析工作成為日常的操作之一。隨著資料從銷售點（POS）機器、製造系統或物聯網（IOT）設備被收集，在處理過程中分析工作就能做出即時推薦和決策。這一趨勢是在幾年前就已被觀察到了，用來描述這種合併的術語包括 *translytics*（譯按：組合字，取交易的字首和分析的字尾）和混合交易分析處理（*hybrid transactional and analytical process*，HTAP）。圖 1-5 說明了如何使用唯讀副本將這些不同類型的處理結合在一起。

根據 Gartner 的說法（*https://gtnr.it/2FAKnuX*）：

> [HTAP] 可能會重新定義一些業務流程的執行方式，因為即時進階分析（例如，計畫、預測和假設分析）成為流程本身的一個組成部分，而不是事後執行的單獨活動。這將使即時業務驅動決策處理流程變成一種新的形式。最終，HTAP 將成為智慧業務運營的關鍵支援架構。

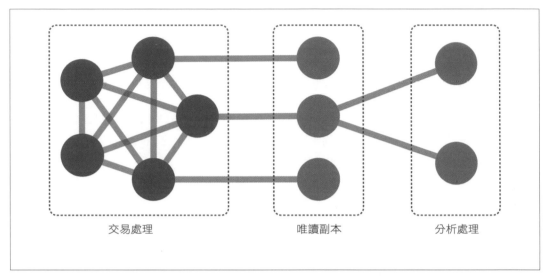

交易處理　　　　　　　唯讀副本　　　　　　分析處理

圖 1-5 支援低延遲查詢處理和高資料完整性交易，同時又整合大量複雜資料分析的一個平台。

隨著 OLTP 和 OLAP 間的整合越來越緊密，並開始支援以前只有對方才提供的功能，所以現在不再需要為這些工作使用不同的資料產品或系統；我們可以設計讓兩者使用相同的平台來簡化架構。這代表著我們的分析查詢可以利用即時資料，而且我們將分析反覆運算過程也納入流程中。

為什麼我們要關心圖形演算法？

圖形演算法讓連結性資料更有意義。我們都可以從這些現實系統中看到關係。從蛋白質作用機制到社交網路，從通信系統到電力網路，從零售體驗到火星任務規劃。瞭解網路及其內部連接為洞察和創新提供了難以置信的潛力。

圖形演算法特別適合用來理解高度連接資料庫中的結構，以及揭露其中資料模式。沒有什麼比大數據資料更有明顯的連結性和相互關係了，其彙集、混合和動態更新的資訊量都很驚人。這就是圖形演算法能派上用場的地方，透過利用關係做更複雜的分析，並且增強人工智慧中的資訊量，讓巨量資料變得更有意義。

由於我們的資料連結性變高了，瞭解資料的關係和相互依賴性變得越來越重要。研究網路成長的科學家指出，隨著時間的推移連結性越來越高，但這種成長並不是均勻的成長。偏好依附原則（preferential attachment）是研究動態成長會影響結構的理論之一。如圖 1-6 所示，偏好依附原則指的是當一個節點要加入網路中時，會偏好連結到已經有很多連接的節點。

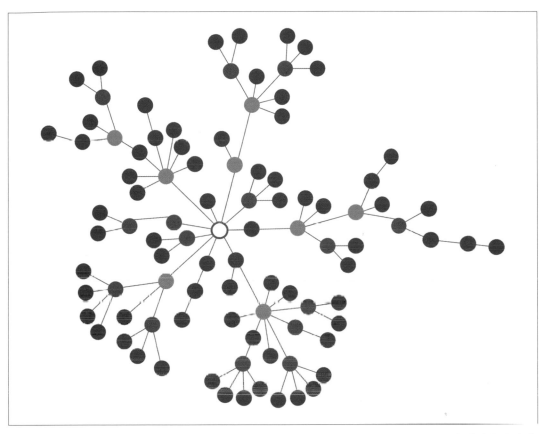

圖 1-6 偏好依附原則是一個節點的連接越多,接收新連結的可能性就越大的現象,會導致集中度上升和中心的不均勻。

在 Steven Strogatz 的書 *Sync: How Order Emerges from Chaos in the Universe, Nature, and Daily Life*(Hachette)中,他提供了例子,並解釋了現實生活系統自我組織的不同方式。不管潛在的原因是什麼,許多研究人員認為,網路的發展與其產生的形狀和層次結構密不可分。高度密集的群體和塊狀資料網路往往會發展起來,同時伴隨著資料規模及複雜性增加。現在我們看到了大多數現實世界網路都是這種關係集群,從網際網路到社交網路,如圖 1-7 所示的遊戲社群。

圖 1-7 中的網路分析是由 Pulsar 的 Francesco D'Orazio 創建的，目的是預測病毒傳播與傳播策略。D'Orazio 發現（*https://bit.ly/2CCLlVI*）社群分佈集中度與內容傳播速度之間的相關性。

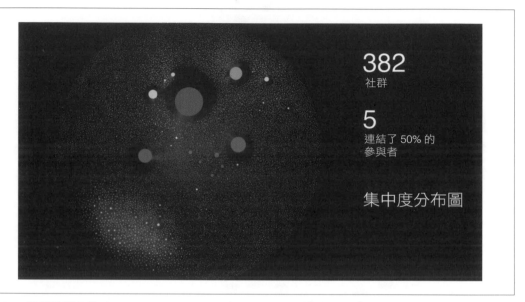

圖 1-7 遊戲社群分析（*https://bit.ly/2CCLlVI*）顯示在 382 個社區中連接只集中在 5 個社群。

這和以常態分佈模型作預測會有很大的差異，因為常態分佈模型下大多數節點的連接數都相同。例如，如果全球資訊網（**WWW**）的連接呈常態分佈的話，那麼所有頁面進出的連結數將大致相同。常態分佈模型認為，大多數節點是相等連接的，但許多不同種類的圖形和許多實際網路卻表現出集中的情況。不管是網站的圖形、旅遊和社交網路的圖形都一樣，呈現冪次定律分佈（冪律分佈，*power-law* distribution），其中一些節點有著高度連接，但大多數節點只有少數的連接。

冪次定律

冪次定律（也稱為**定標定律**（*scaling law*））描述兩個量之間的關係，其中一個量隨另一個量的冪次而變化。例如，一個立方體的面積與其邊長之間的關係為 3 冪方。一個眾所周知的例子是**帕累托分佈**（*pareto distribution*）即「80/20 法則」，最初用於描述 20% 的人口控制 80% 的財富的情況，自然世界和網路中可以見到各種冪次定律。

在觀察關係或是做預測時，試圖「平均」一個網路，不會得到太好的效果。我們很容易從圖 1-8 中看出來，誤用不平衡的資料的平均特徵，將導致不正確的結果。

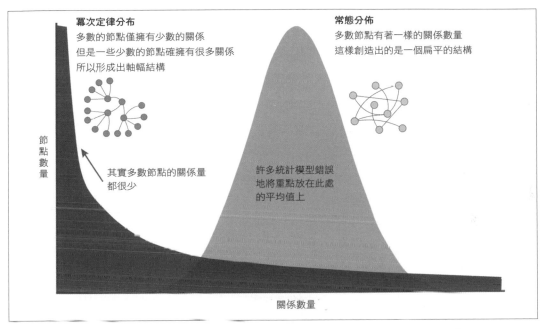

冪次定律分布
多數的節點僅擁有少數的關係
但是一些少數的節點確擁有很多關係
所以形成出軸輻結構

其實多數節點的關係量
都很少

常態分佈
多數節點有著一樣的關係數量
這樣創造出的是一個扁平的結構

許多統計模型錯誤
地將重點放在此處
的平均值上

節點數量

關係數量

圖 1-8 現實世界中的網路節點和關係分佈不均勻，關係呈現一種極端的冪次定律分佈。常態分佈假設大多數節點在任何網路中具有相同數量的關係。

由於高度連接的資料不遵循常態分佈，網路科學家使用圖形分析去探索和解釋現實世界資料中的結構和關係。

> 我們所知道的自然界中沒有一個網路可以用隨機網路模型來描述。
>
> ─ 東北大學複雜網路研究中心主任、眾多網路科學書籍的作者 *Albert-László Barabási*

多數人會面臨的挑戰是，使用傳統的分析工具來分析密集且不均勻的資料是很麻煩的。資料中可能隱藏著一個結構，但很難找到。面對雜亂的資料，會覺得平均方法很誘人，但這樣做的話會使模式隱藏起來，並使得結果無法代表任何真實的群體。例如，如果你對所有客戶的人口統計資訊進行平均，並且僅僅根據平均值提供一種客戶體驗，那麼你肯定無法聚焦到大多數社群：因為社群傾向於圍繞年齡、職業或婚姻狀況和位置等相關因素聚集。

此外,對於動態行為,特別是在突發事件和突發事件引發的連漪,無法透過一時靜態狀態看出來。舉例來說,如果你想像一個社會團體中的人際關係不斷增加,你也會預期溝通的次數更多。這可能導致某次協調破裂和隨後聯盟的組成,或者像在選舉中的子群形成和兩極分化。想預測一個網路隨著時間的發展,所需的方法很複雜,但是如果我們瞭解資料中的結構和相互作用關係,我們可以推斷出動態行為。由於圖形分析著重在關係上,所以能用預測團體韌性。

圖形分析的使用

在最抽象的層次上,圖形分析應用於預測行為和預測變動群組的行動。這樣做需要理解群組中的關係和結構。圖形演算法透過視察網路的連接來實現這一點。透過這種方法,您可以瞭解所連接系統的拓撲結構並對其流程建模。

圖 1-9 中將問題分成三類,用來讓您評估您的工作是否有必要做圖形分析和演算法。

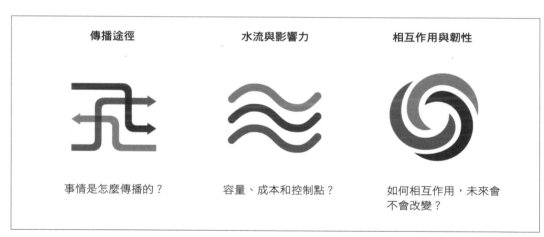

圖 1-9 圖形分析能解答的問題分類。

下面是一些使用了圖形演算法的問題,是否和你面臨的問題相似呢?

- 調查疾病的傳播途徑或是層級傳輸失敗。

- 發現網路攻擊中最易受攻擊或損壞的單位。

- 找出最便宜或最快的資訊或資源路由方法。

- 預測資料中遺失的連結。

- 確定複雜系統中的直接和間接影響。

- 找出看不見的層次結構和依賴關係。

- 預測團隊會合併還是拆分。

- 找出瓶頸或誰有能力拒絕 / 提供更多資源。

- 根據行為找到群體,以給出適合的個人化建議。

- 減少詐欺和異常檢測中的誤報。

- 為機器學習找到更多預測特徵值。

本章總結

在這一章中,我們看到現今的資料是如何緊密相連的,以及它所隱含的意義。在分析群組動態和關係方面有存在著強大的科學基礎,但這些工具在企業中並不常見。在評估進階分析技術時,我們應該考慮資料的性質,以及是否需要瞭解社群屬性或預測複雜行為。如果我們的資料代表一個網路,我們應該避免將影響因子的數量降低到只剩平均值。相反地,我們應該使用與我們的資料和我們正在尋求的見解相匹配的工具。

在下一章中,我們將介紹圖形概念和術語。

## 第二章

圖論和概念

在本章中，我們將會設定圖論演算法的框架和說明涵蓋術語，闡述圖論的基本原理，關注對實作者來說最相關的概念。

我們會說明圖形要如何表示，然後解釋不同類型的圖形及其特性。這在之後很重要，因為圖形的特性將影響我們如何選擇演算法，並且幫助我們解讀結果。最後，我們將詳細介紹在本書中會看到的圖形演算法類型。

術語

標籤屬性圖是圖形資料建模最常用的方法之一。

標籤將節點標記為屬於某一組。在圖 2-1 中，我們有兩組節點：Person 和 Car。（儘管在經典的圖形理論中，標籤應用於單組節點，但現在它通常用於表示不同節點組。）關係是根據關係類型分類的。在我們的範例中有 DRIVES、OWNS、LIVE_WITH 以及 MARRIED_TO 關係類型。

屬性（*property*）是屬性（attribute）的同義字，可以包含各種資料類型，從數位和字串到空間和時間資料。在圖 2-1 中，我們將屬性分配為「名稱－值」對，其中在前面的是屬性的名稱，後面是值。例如，左側的 Person 節點有一個屬性 name: "Dan"，MARRIED_TO 關係有一個屬性為 on: Jan 1, 2013。

子圖形是一個在大圖形中較小的圖形，子圖形是一種很好的過濾工具，例如當我們需要一個具有特定特徵的子集來進行集中分析時。

路徑（*path*）是一組節點及其連接關係。拿圖 2-1 來當一個的簡單路徑的範例，其路徑包含節點 Dan、Ann 和 Car 以及 DRIVES 和 OWNS 關係。

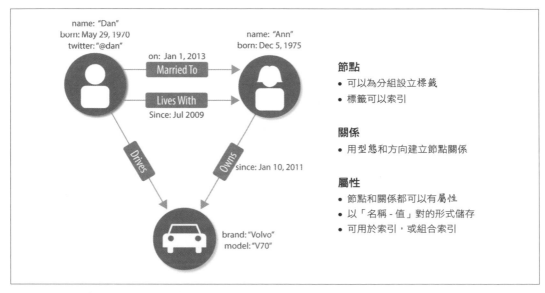

圖 2-1 標籤屬性圖模型是表示連接資料的一種簡單易行的方法。

圖形的類型、形狀和大小以及可用於分析的屬性類型各不相同。接下來，我們將描述最適合圖形演算法的圖形類型。請記住，這些解釋同時適用於圖形和子圖形。

圖的類型和結構

在經典圖論中，圖形這個術語代表一個簡單（或說嚴格）圖形，其中節點之間只有一個關係，如圖 2-2 左側所示。然而，大多數現實世界的圖形在節點之間有許多關係，甚至和自身連結的關係。現今，這個術語適用於圖 2-2 中的三種圖形類型，因此我們也一樣這樣使用。

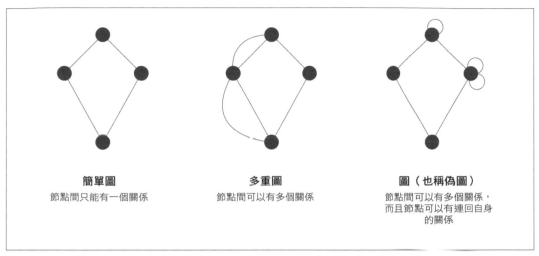

簡單圖
節點間只能有一個關係

多重圖
節點間可以有多個關係

圖（也稱偽圖）
節點間可以有多個關係，
而且節點可以有連回自身
的關係

圖 2-2 在本書中，我們使用「圖形」這個術語來代表任何屬於這些經典類型的圖形。

隨機、小世界、無尺度結構

圖形的形狀有很多種，圖 2-3 顯示了三種具有代表性的網路類型：

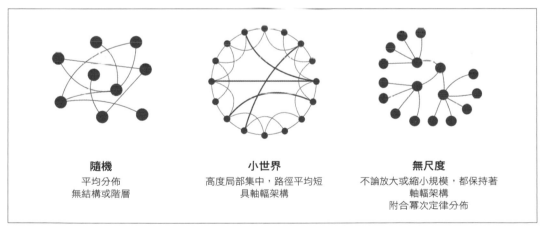

隨機
平均分佈
無結構或階層

小世界
高度局部集中，路徑平均短
具軸輻架構

無尺度
不論放大或縮小規模，都保持著
軸輻架構
附合冪次定律分佈

圖 2-3 三種具有獨特圖形和行為的網路結構。

隨機網路

隨機網路中連接呈完全的平均分佈，沒有層次結構。這種無形狀的圖形是「平的」，沒有可辨別的圖案，所有節點連接任何其他節點的相同機率是一樣的。

小世界網路

> 小世界網路在社交網路中極為常見；它的連接有局部集中性，呈軸輻模式。Kevin Bacon 的六度分隔（*https://bit.ly/2FAbVk8*）遊戲可能是小世界效應最著名的例子。雖然你主要和一小群朋友交往，但你與其他人的距離永遠不會太遠——即使他們是著名的演員或是在地球的另一邊。

無尺度網路

> 無尺度網路是指附合冪次定律分佈，而且不管規模大小，都保留了軸輻結構，例如在全球資訊網。

這些網路類型生成具有獨特結構、分佈和行為的圖形。當我們使用圖形演算法時，將會在我們的結果中看到類似的特徵。

圖形的種類

為了從圖形演算法中得到最大的好處，熟悉我們將會遇到的圖形的特徵是很重要的。表 2-1 總結了常見的圖形屬性。在下面的部分中，我們將更詳細地介紹不同風格的圖形。

表 2-1 圖形的共通屬性

圖形的特性	關鍵因素	演算法考慮點
連通與不連通	圖中的任意兩個節點之間是否存在路徑，無論節點之間的距離多遠	孤島節點可能導致料之外的行為，例如卡住或無法處理不連通的元件。
加權或未加權	關係或節點上是否有（特定領域）值	很多演算法都期待有權重存在，如果忽略權重的話，我們將看到效能和結果中的顯著差異。
有向和無向關係	是否明確地定義了開始和結束節點	這增加了更多的資訊來推斷額外的含義。在一些演算法中，您可以指定使用單向、雙向或無向。
迴圈與非迴圈	路徑是否在同一節點上開始和結束	循環圖形是很常見的，但是演算法必須小心（通常會儲存遍歷狀態）或者迴圈可能造成無法終止的情況。非循環圖形（或稱生成樹）是許多圖形演算法的基礎。
稀疏與稠密	關係與節點比率	極為稠密或極為稀疏連接的圖可能導致不同的結果。在假設域本身不密集或稀疏的情況下，資料建模才能發揮作用。
單組成、雙組成和 k 組成	是否只連接到一個其他型態節點類型（例如，使用者喜歡電影）或連結到許多其他節點類型（例如，使用者所喜歡的使用者，是喜歡電影的使用者）	有助於創建可分析的關係和造出更有用的圖形。

連通與不連通圖形

如果所有節點之間都有路徑，就是一個連通圖形。如果我們的圖中有孤島，它就是一個不連通圖形。如果這些孤島上的節點是連接的，那麼它們被稱為元件（或者有時稱為**集群**），如圖 2-4 所示。

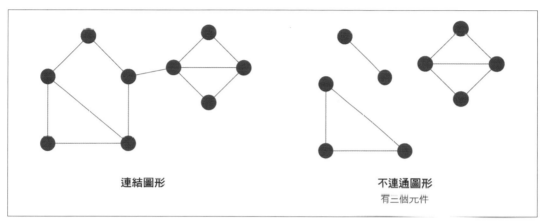

連結圖形　　　　　　　　　　　　　　不連通圖形
　　　　　　　　　　　　　　　　　　有二個元件

圖 2-4 如果我們的圖中有孤島，就是一個不連通圖形。

有些演算法不能處理不連通圖形，而且還會生錯誤的結果。如果我們看到超出意料之外的結果，那麼先檢查圖形的結構是很好的第一步。

未加權圖形與加權圖形

未加權圖形上的節點或關係，沒有指定權重值。而在加權圖形上，這些加權值可以表示各種度量，例如成本、時間、距離、容量，甚至是特定該特定域的優先順序，在圖 2-5 可以看到它們的差異。

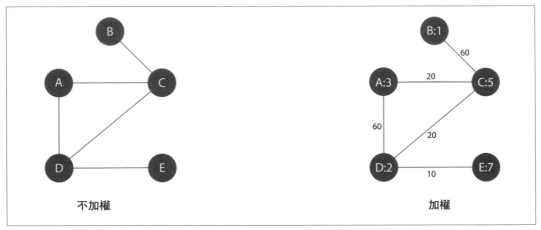

圖 2-5 加權圖可以在關係或節點上放加權值。

基本的圖形演算法可以使用權重來處理關係的強度或值。許多演算法計算度量值（metric），然後將算出來的值，當作後續處理的權重。有些演算法在查找累計總數、最小值或最佳值的過程中更新權重值。

加權圖形的一個典型用途是尋路演算法。這些演算法支援我們手機上的地圖應用程式，並計算位置之間最短 / 最便宜 / 最快的運輸路線。例如，圖 2-6 使用了兩種不同的方法來計算最短路線。

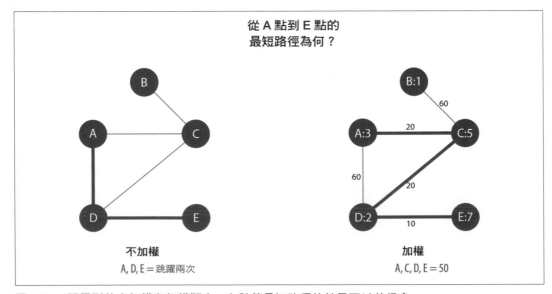

圖 2-6 一張圖形的未加權和加權版本，在計算最短路徑的結果可以差很多。

在未加權版本，我們的最短路徑是根據關係數量（通常稱為跳躍點）計算的。A 和 E 有一條跳躍 2 次的最短路徑，表示它們之間只有一個節點（D）。然而，從 A 到 E 的最短加權路徑，是從 A 到 C 到 D 到 E。如果權重表示實際距離以公里為單位，則總距離為 50公里。在這種情況下，最短的路徑相當於 70 公里長的實際路徑。

無向圖形與有向圖形

在無向圖形中關係被認為是雙向的（例如，友誼）。在有向圖形中，關係有一個特定的方向。指向一個節點的關係被稱為入連結（*in-link*），以此類推，出連結（*out-link*）是源自另一個節點的連結。

方向這件事，為我們添加了另一個資訊的維度。同一類型但方向相反的關係具有不同的意義，表示依賴關係或表示流向。然後，這可以用來代表可信度與群組力量。個人偏好和社會關係很適合用方向來表達。

例如，如果我們假設在圖 2-7 中的有向圖是一個學生網路，並且關係代表「喜歡」，那我們可以藉由計算，知道 A 和 C 是比較受歡迎的學生。

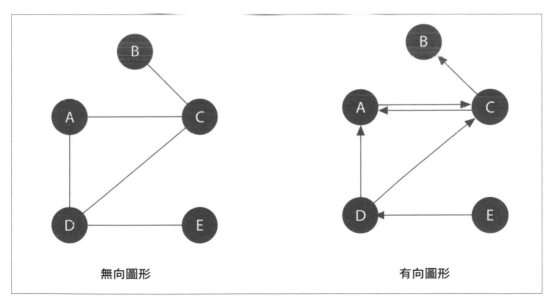

無向圖形　　　　　　　　　　　有向圖形

圖 2-7 許多演算法允許我們根據入或出連接、雙向連接或無方向進行計算。

然而，道路網路可以說明我們可能想同時使用這兩種圖形類型的原因。例如，城市之間的公路經常雙向行駛。然而，在城市裡，有些道路卻是單行道。（某些資訊流也是如此！）

若將演算法執行在一個無向圖形和有向圖形上，得到的結果也會不同。例如高速公路或友誼這種無向圖形上，我們假設所有的關係都是雙向的。

如果我們將圖 2-7 重新定義為一個有向道路網路，那您可以從 C 或 D 行駛到 A，但離開 A 時只能行駛到 C。此外，如果 A 和 C 之間沒有關係，這將代表是一條死路。也許這個情況對單向道路網路來說不太可能，但對於一個流程或一個網頁來說就很有可能了。

非循環圖形與循環圖形

在圖論中，迴圈是一種路徑，這種路徑會經過一些關係和節點，最後回到同一個節點上。非循環圖形上就沒有這樣的迴圈。如圖 2-8 所示，有向圖形和無向圖形中都可能存在迴圈，但在有向圖形時，路徑遵循關係的方向。圖 1 中所示的有向非循環圖表（DAG）在定義上總是會有死路（也稱為葉節點）。

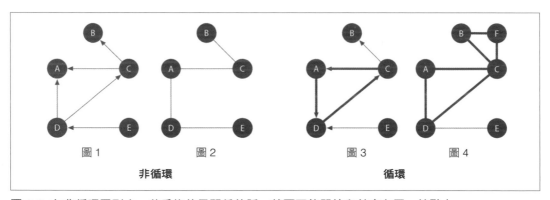

圖 2-8 在非循環圖形中，若重複使用關係的話，就不可能開始和結束在同一節點上。

圖 1 和圖 2 沒有迴圈，因為如果不重複使用關係的話，就無法開始和結束在同一節點上。你可能記得在第 1 章 Königsberg 不能重複過橋的那個問題，它開啟了圖論！圖 2-8 中的圖 3 顯示了 A-D-C-A 是一個迴圈，這個迴圈中沒有重複的節點。在圖 4 中，透過添加一個節點和關係，使無向循環圖表變得更有趣。現在有一個封閉的迴圈，順序是 B-F-C-D-A-C-B，其中有一個重複的節點（C），而圖 4 中實際上存在多個迴圈。

迴圈很常見，有時我們需要將循環圖形轉換為非循環圖形（透過切割關係），以消除處理上的問題。排程、祖譜和版本歷史天生就是有向非循環圖。

樹

在經典圖論中，無向非循環圖稱為樹。在電腦科學中，樹也可以有方向。用一個更具包容性的說法來定義無向非循環圖的話，是指兩個節點僅透過一條路徑連接的圖形。樹對於理解圖形結構和許多演算法都具有重要意義。它們在設計網路、資料結構和搜索優化以改進分類或組織層次結構方面發揮著關鍵作用。

關於樹及它的變體前人已寫得很多了，圖 2-9 說明了我們可能遇到的常見樹。

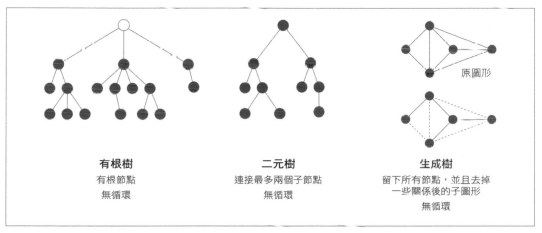

圖 2-9 在這些典型的樹圖中，生成樹最常用於圖形演算法。

在這些樹的變體中，生成樹和本書最相關。生成樹是一個非循環子圖，這種子圖包含了原圖中所有的節點，但不一定包含所有的關係。最小生成樹則用最少跳躍數或最少加權路徑連接圖形中的所有節點。

稀疏圖形與稠密圖形

一個圖形的稀疏性，是拿它和它能擁有的最多關係數（也就是每對節點之間都存在關係的情況）進行比較。每個節點與其他節點都有關係連結的圖稱為完整圖形（*complete graph*），或者稱為小團體（*clique*）。例如，如果我所有的朋友都彼此認識，那就是一個小團體。

圖形能達到的**最大密度**，就是完整圖形中可能存在的關係數。用公式 $MaxD = \frac{N(N-1)}{2}$ 計算，其中 N 是節點數。若要計算**實際密度**，我們使用公式 $D = \frac{2(R)}{N(N-1)}$，其中 R 是關係數。在圖 2-10 中，我們可以看到三個無向圖形的實際密度計算。

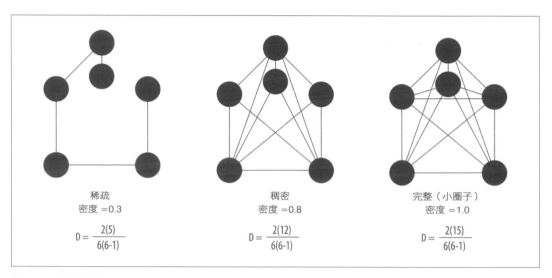

圖 2-10　檢查圖的密度可以幫助你檢視意料之外的結果。

雖然沒有嚴格的分界線，但任何實際密度接近最大密度的圖形都被認為是稠密的。大多數真實網路的圖形都是趨向於稀疏的，總節點數量與總關係數量的相關性接近線性相關。這一點特別是在有物理元素情況下更顯真實，例如在一個點上可以連接多少電線、管道、道路或友誼有它實際上的限制。

有些演算法在極稀疏或極稠密的圖上執行時會返回無意義的結果。如果圖太稀疏，則可能沒有足夠的關係讓演算法計算出有用的結果。或者，由於節點之間的連接非常緊密，因此它們不會有太多附加資訊。高密度也會扭曲某些結果或增加計算複雜性。在這種情況下，篩選出相關的子圖形是一種實用的方法。

單組成、雙組成和 k- 組成圖形

大多數網路中的資料的節點和關聯，都包含多種型態。然而，圖形演算法通常只考慮一種節點類型和一種關聯類型。只有一個節點類型和關聯類型的圖有時也被稱為**單組成圖形**。

雙組成圖形的節點可分為兩種類型，圖中的關係僅將一種類型的節點連接到另一種類型的節點。圖 2-11 是這種圖的範例。它有兩種節點：一種是觀眾集合，另一種是電視劇集合。關係只連接兩種節點之間，不會有集合內關係。換句話說，在圖 1 中，電視節目只與觀眾相關，而與其他電視節目無關，且觀眾也不直接與其他觀眾相關。

從觀眾和電視節目的雙組成圖形開始，我們創建了兩個單組成投射圖形：圖 2 中的觀眾連結是基於共同收看的節目來建立，以及圖 3 中的電視節目連結是根據共同收看的觀眾來建立。我們還可以根據關聯類型進行篩選，如收看、分級或評價。

帶有推斷連接所投射出的單組成圖形是圖論分析中的重要部分。這樣投射圖形有助於揭示間接關係和品質。例如，在圖 2-11 的圖 2 中，Bev 和 Ann 只看一個共同的電視節目，而 Bev 和 Evan 有兩個共同的電視節目。在圖 3 中，我們為電視節目之間的做了關係加權，這個加權是聚合觀看次數和共同觀眾。這麼一來，就像相似性指標一樣，可以用來推斷如觀看 *Battlestar Galactica* 和 *Firefly* 之間的意義。我們就可以向圖 2-11 中的某一個和 Even 相似的人做推薦，而這人剛剛看完了最後一集 *Firefly*。

k- 組成圖形代表我們的資料具有（*k*）個節點類型。例如，如果我們有三種節點類型，將會得到一個三組成圖形。這只是擴展了雙組成和單組成的概念來考慮更多的節點類型。許多現實世界的圖，特別是知識圖，k 的值很大，因為它們結合了許多不同的概念和資訊類型。使用大量節點類型的一個例子是建立新配方，方法是將一個配方集合映射一個成份集合到一個化學化合物，然後推斷出符合流行偏好的新配方。我們也可以透過泛型化來減少節點類型，例如將許多不同的節點（如菠菜或羽衣甘藍）視為「葉菜」。

現在我們已經看過了最可能常用的圖形類型，現在讓我們學習可以在這些圖形上執行哪些圖型演算法吧！

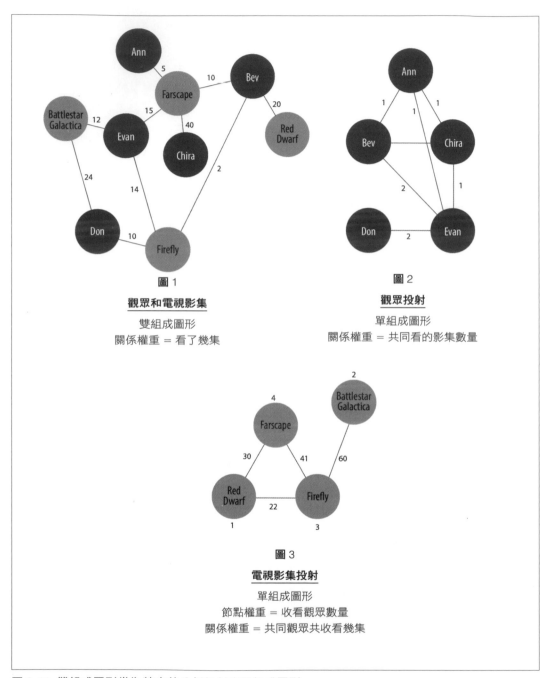

圖 1

觀眾和電視影集

雙組成圖形
關係權重 = 看了幾集

圖 2

觀眾投射

單組成圖形
關係權重 = 共同看的影集數量

圖 3

電視影集投射

單組成圖形
節點權重 = 收看觀眾數量
關係權重 = 共同觀眾共收看幾集

圖 2-11 雙組成圖形常為特定的分析投射出單組成圖形。

圖形演算法的類型

讓我們來看看圖形演算法核心的三個分析領域。這些類別分別對應路徑查找和搜索、中心性計算和社群檢測演算法的章節。

路徑查找

路徑是圖形分析和演算法的基礎,因此我們將從路徑查找開始介紹,並加入演算法範例。尋找最短路徑可能是圖形演算法中最常見的任務,也是數種不同分析類型的前身。最短路徑是跳躍數最少或加權最小的穿越路徑。如果圖形是有向的,那麼它是兩個節點之間的最短路徑,並且符合關係方向。

路徑類型

平均最短路徑(*average shortest path*)用於考慮網路的整體效率和彈性,例如地鐵站之間的平均距離。有時,我們可能還想瞭解最佳的最長路線,例如即使已選用最佳路徑後,找到哪一些地鐵站相距最遠,或哪一些站之間的站數最多。在這種情況下,我們將使用圖的直徑(*diameter*)來查找所有節點最短路徑中的最長路徑。

中心性

中心性是指瞭解網路中哪些節點更重要,但這裡所說的重要性是什麼呢?有許多不同類型的中心性演算法,用來度量不同的重要性,例如快速傳播資訊的能力,或快速橋接不同群體的能力。在本書中,我們將關注在節點和關係的結構上。

社群檢測

連通性是圖論的一個核心概念,它能夠進行複雜的網路分析,如發現社群。大多數現實網路都顯示出或多或少獨立的子圖形結構(通常是類碎型)。

連通性用於尋找社群和量化分組的品質。藉由在圖形中找出不同類型的社群可以發現結構,例如中心和層次結構,以及群體吸引或排斥他人的傾向。這些技術被用來研究創發現象(emergent phenomena),如導致回聲室(echo chambers)和過濾氣泡效應(filter bubble effects)的那些現象。

本章總結

圖形是直觀的。它們與我們思考和繪製系統的方式一致。經由我們說明了一些術語和分類後，您很快就可以瞭解圖形的主要的使用原則。在本章中，我們解釋了本書後面會用到的概念和一些表述，並描述了您將看到的不同圖形。

圖論參考

如果你很想瞭解更多關於圖論本身的知識，我們推薦一些介紹性的文章：

- *Introduction to Graph Theory*，由 Richard J. Trudeau（Dover）撰寫，是一篇非常好的、溫和的導論。

- *Introduction to Graph Theory* 第五版，由 Robin J. Wilson（Pearson）撰寫，這是一篇扎實的導論，有很好的概念展示。

- *Graph Theory and Its Applications* 第三版，作者：Jonathan L. Gross、Jay Yellen 和 Mark Anderson（Chapman and Hall），假設讀者有更多的數學背景，並提供更多的細節和練習。

接下來，我們將再深入研究如何在 Apache Spark 和 Neo4j 中使用圖形演算法之前，先研究圖形處理和分析的幾種類型。

## 第三章

圖形平台和處理

在本章中,我們將快速介紹圖形處理的不同方法和最常見的平台。我們將更仔細地研究本書中使用的兩個平台:Apache Spark 和 Neo4j,以及它們適合哪些不同的需求。本章也包括平台安裝指南,幫助你為接下來的幾章做準備。

圖形平台和處理注意事項

圖形分析處理具有結構驅動、全域聚焦和難以解析等獨特的計算特性。在本節中,我們將討論圖形平台和處理的一般注意事項。

平台

有關於圖形處理規模到底要強化現有硬體或提昇性能,或是向外擴展,還存在著爭論。您應該使用功能強大的多核、大記憶體機器,並專注於高效的資料結構和多執行緒演算法嗎?或者,投資更多在分散式處理框架和相關演算法是否值得?

Configuration that Outperforms a Single Thread(COST)是一個能幫上忙的評估方法,在 F. McSherry、M. Isard 和 D. Murray 所著研究論文 *Scalability! But at What COST?*(*https://bit.ly/2Ypjhyv*)中所述,COST 為我們提供了一種將系統的擴張性與系統導入成本進行比較的方法。它的核心概念是,使用一個已優化演算法和資料結構的良好系統,可以勝過現今的通用分散式解決方案。這是一種在沒有回饋系統的情況下測量效率增益的方法,該系統透過平行化來克服效率低下的情況。將可擴充性和資源的有效使用這兩種概念分開構想,有助於我們構建一個滿足我們需要的平台。

圖形平台中包括一些高度整合的解決方案，可以優化演算法、處理和記憶體檢索，以更緊密地協調工作。

處理

資料處理有不同的方法；例如，串流處理、批次處理或是 map-reduce 架構（用在以記錄為基礎的資料）。但是，對於圖形資料，也有一些現存的方法，可以將圖形結構中存在的相依關係加到它們的處理中：

以節點為中心

這種方法將節點當作處理單元，把節點累積和計算狀態，並透過消息將狀態的變化傳遞給它們的鄰居。這個模型使用所提供的轉換函數來更簡單地實現每個演算法。

以關係為中心

這種方法與以節點為中心的模型相似，但在子圖形和循序分析中可能表現得更好。

以圖形為中心

這些模型在處理子圖形中的節點時，是與其他子圖形無關的，只傳遞（最小限度）消息與到其他子圖。

以遍歷為中心

這些模型的計算手段，是使用遍歷器在查看圖形的過程中把資料做積累。

以演算法為中心

使用各種方法來優化演算法的實作，是前面幾種模型的混合。

Pregel（*https://bit.ly/2Twj9sY*）是一個以節點為中心的容錯平行處理框架，由 Google 創建，用來對大型圖形進行效能分析。Pregel 基於 *bulk synchronous parallel*（BSP）模型，BSP 藉由簡化計算和通信層來簡化平行程式設計。

Pregel 在 BSP 上添加了一個以節點為中心的抽象層，演算法在該抽象計算來自每個節點鄰居的傳入消息中的值。每次迭代中執行一次這些計算，並且更新節點值後向其他節點發送消息。這些節點還可以在通信階段時合併訊息然後才進行傳輸，這有助於減少網路訊息往來的數量。當沒有發送新消息或達到預設的限制門檻時，演算法執行結束。

這些圖形專用的方法中，大多數都需要整個圖形，以便進行有效的交叉拓撲操作。這是因為分開或分散的圖形資料，會導致大量工作實例之間的資料傳輸和資料重組。對於許多演算法來說，需要對整個圖形結構進行反覆運算處理是件困難的工作。

代表性的平台

為解決圖形處理的需求，出現了幾個平台。傳統上，圖形計算引擎和圖形資料庫是不同的東西，這使得使用者必須根據其流程需要去移動資料：

圖形計算引擎

圖形計算引擎是唯讀的、非交易性應用的引擎，專注於高效執行迭代圖形分析和整個圖形的查詢。圖形計算引擎支援圖形演算法的不同定義和處理範例，例如以節點為中心（例如，Pregcl、Gather-Apply-Scatter）或基於 MapReduce 的方法（例如，PACT）。這些引擎的例子有 Giraph、GraphLab、Graph-Engine 和 Apache Spark。

圖形資料庫

使用在交易性應用，重點放在能用較小的查詢進行快速的寫入和讀取，通常只有碰觸到圖形的一小部分。它們的優勢在於操作可靠性以及多使用者造成的多工擴充性。

選擇我們的平台

選擇一個平台涉及到許多因素，例如要執行的分析類型、性能需求、既有環境和團隊偏好。我們在本書中使用 Apache Spark 和 Neo4j 來展示圖形演算法，因為它們都提供了獨特的優勢。

Spark 是一個分散和以節點為中心的圖形計算引擎的例子。其受歡迎的計算框架和函式庫支援各種資料科學工作流程。在以下的情境中，選擇 Spark 可能是正確決定：

- 演算法的基礎是可平行化或可切分執行時。
- 演算法工作流程需要使用多種工具和語言進行多種操作。
- 分析可以在批次處理模式下離線運行。
- 圖形分析是針對未轉換為圖形格式的資料。
- 團隊需要並具備程式能力，以及實現自己演算法的專業知識。
- 團隊很少使用圖形演算法。

- 團隊傾向於將所有資料和分析保存在 Hadoop 生態系統中。

Neo4j 圖形平台是一個高度整合的圖形資料庫,並且是以演算法為中心處理的一個平台,針對圖形進行了優化。它廣泛用於構建基於圖形的應用程式,並包括一個為它自身的圖形資料庫進行優化調整過的圖形演算法庫。在以下幾種情境,Neo4j 可能是最好的選擇:

- 演算法的迭代更多,本機需要更多的記憶體。

- 演算法和結果對效能更為敏感。

- 圖形分析針對複雜的圖形資料和 / 或需要進行深度的路徑遍歷。

- 分析 / 結果要整合到交易性的應用。

- 結果要加到現有圖形上。

- 團隊需要整合基於圖形的視覺化檢視。

- 團隊喜歡使用內建支援的演算法。

最後,一些組織同時使用 Neo4j 和 Spark 進行圖形處理:Spark 用於大規模資料集和資料集成的初步過濾和預處理,Neo4j 用於更具體的處理和與圖形應用程式整合。

Apache Spark

Apache Spark(或簡稱為 Spark)是一個用於大規模資料處理的分析引擎。它使用一個稱為 DataFrame 的表格抽象,以命名列和類型欄來表示和處理資料。該平台整合了各種資料來源和支援的語言,例如 Scala、Python 和 R 等語言。Spark 支援各種分析函式庫,如圖 3-1 所示。它基於記憶體的系統使用高效分佈的計算圖進行操作。

GraphFrame 是 Spark 的一個圖形處理庫,它在 2016 年代替了 GraphX,不過它與核心 Apache Spark 是分離的。GraphFrame 以 GraphX 為基礎,但資料結構底層改用 DataFrame。GraphFrame 支援 Java、Scala 和 Python 程式設計語言。2019 年春,提案 *Spark Graph: Property Graphs, Cypher Queries, and Algorithms* 通過(見第 33 頁 Spark Graph 的演進)。我們希望這能將大量使用 DataFrame 架構和 Cypher Query 語言的大量圖形功能導入到 Spark 專案核心中。然而在本書中,我們的範例將使用 Python API(PySpark),因為它目前在 Spark 資料科學家中很受歡迎。

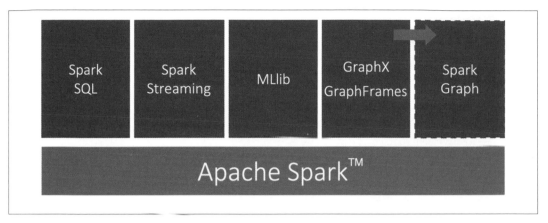

圖 3-1 Spark 是一個開源的分散式通用集群計算平台,它包括幾個適用於不同工作的模組。

Spark Graph 的演進

Spark Graph 專案(*https://bit.ly/2JN85Im*)是由 Databricks 和 Neo4j 的 Apache 專案貢獻者發起的一項聯合提議,將在核心 Apache spark 專案的 3.0 版本中,加入對 DataFrame、Cypher 和基於 DataFrame 的多種演算法的支援。

Cypher 最初是在 Neo4j 中的一種宣告式的圖形查詢語言,但透過 openCypher 專案,它現在被多個資料庫供應商和一個開源專案使用,這個開源專案就是 Cypher for Apache Spark(CAPS)(*https://bit.ly/2HS4zKm*)。

在不久的將來,我們期望使用 CAPS 載入和投影圖形資料成為 Spark 平台的一部分。我們將在 Spark Graph 專案實現之後發佈 Cypher 範例。

Spark Graph 專案的發展不會影響本書所涵蓋的演算法,也許在呼叫程序上會產生新的選擇。但圖形演算法的基礎資料模型、概念和計算將保持不變。

在 DataFrame 中的節點和關係的表示方式是,每個節點以不重複 ID 代表,每個關係以的起始節點和目標節點表示。我們可以在表 3-1 中看到節點 DataFrame 的範例,表 3-2 中看到關係 DataFrame 的範例。基於這些 DataFrame 的 GraphFrame 將含有兩個節點,即 JFK 和 SEA,以及一個從 JFK 到 SEA 的關係。

表 3-1 節點 DataFrame

id	城市	州
JFK	New York	NY
SEA	Seattle	WA

表 3-2 關係 DataFrame

src	dst	延遲	航次編號
JFK	SEA	45	1058923

節點 DataFrame 必須具有唯一 id 欄——此欄中的值用於標識每個節點。關係 DataFrame 必須有 src 和 dst 欄——這些欄中的值描述有連接關係的節點，而且應該要引用出現在節點 DataFrame 的 id 欄中的項目。

可以從任何 DataFrame 資料來源（*http://bit.ly/2CN7LDV*）載入節點和關係 DataFrame，這些資料來源包括 Parquet、JSON 和 CSV。使用 PySpark API 和 Spark SQL 的組合來描述想要的查詢。

GraphFrames 還為使用者提供了一個擴充點（*http://bit.ly/2Wo6Hxg*），以支援非內建自行實作的演算法。

安裝 Spark

可以從 Apache Spark 網站（*http://bit.ly/1qnQ5zb*）下載 Spark。下載完成後，你需要安裝以下的函式庫，才能在 Python 中執行 Spark 任務：

```
pip install pyspark graphframes
```

你可以用以下的命令，來啟動 *pyspark* REPL：

```
export SPARK_VERSION="spark-2.4.0-bin-hadoop2.7"
./${SPARK_VERSION}/bin/pyspark \
  --driver-memory 2g \
  --executor-memory 6g \
  --packages graphframes:graphframes:0.7.0-spark2.4-s_2.11
```

在本書撰寫時，Spark 最新釋出的版本是 *spark-2.4.0-bin-hadoop2.7*，當你閱讀本書時，或許又有更新的版本出現。如果是這種情形的話，請適當地更改 SPARK_VERSION 環境變數。

雖然 spark 任務應該在多個機器上執行，但由於我們要做示範，所以只在一台機器上執行這些任務。您可以在 *Spark: The Definitive Guide*（O'Reilly）（由 Bill Chambers 和 Matei Zaharia 撰寫）中瞭解如何將 Spark 執行在高生產力環境的資訊。

現在您已經準備好學習如何在 Spark 上運行圖形演算法了。

Neo4j 圖形平台

Neo4j 圖形平台支援圖形資料的交易處理和分析處理。它包括圖形儲存和使用資料管理和分析工具進行計算。整合工具集位於通用協定、API 和查詢語言（Cypher）之上，為不同的用途提供有效率的訪問，如圖 3-2 所示。

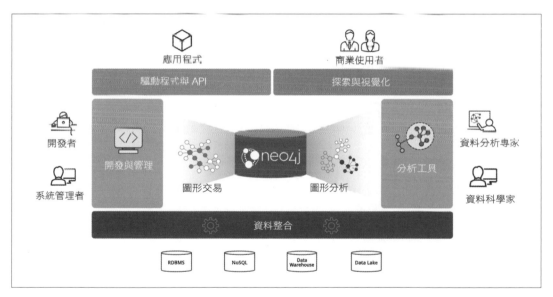

圖 3-2 Neo4j 圖形平台構建在支援交易式應用程式和圖形分析的原生圖形資料庫的基礎上。

在本書中，我們將使用 Neo4j 圖形演算法函式庫（*https://bit.ly/2uonX9Y*）。這個函式庫作為外掛程式和資料庫一起安裝，並提供一些使用者定義的程序（*https://bit.ly/2OmidGK*），這些程序可以透過 Cypher 查詢語言執行。

圖形演算法庫包括支援圖形分析和機器學習工作流程的平行化演算法版本。這些演算法在基於任務的平行計算框架之上執行，並針對 Neo4j 平台進行了優化。碰到不同大小的圖形的時候，內部的實作可以擴展到數百億個節點和關係。

結果可以用 tuple 串流傳輸到客端，其表格化的結果可以用來驅動進一步的處理。結果還可以作為節點屬性或關聯類型，並有效率地寫回資料庫。

> 在本書中，我們還將使用 Neo4j Awesome Procedures on Cypher（APOC）函式庫（*https://bit.ly/2JDfSbS*）。APOC 由 450 多個程序和函式組成，用於資料整合、資料轉換和模型重構等常見任務。

安裝 Neo4j

開發人員使用本地 Neo4j 資料庫的一個便利的方法，Neo4j Desktop，可從 Neo4j 網站（*https://neo4j.com/download/*）下載。一旦安裝並啟動了 Neo4j Desktop，圖形演算法和 APOC 函式庫就可以作為外掛程式安裝。在左側功能表中，建立一個專案並選擇它，然後在要安裝外掛程式的資料庫上按一下「管理」。在外掛程式分頁上面，您將看到幾個外掛程式的選項，請按一下圖形演算法和 APOC 的安裝按鈕。見圖 3-3 和 3-4。

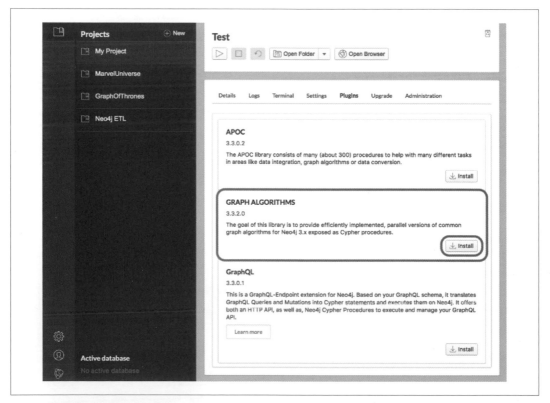

圖 3-3 安裝圖形演算法函式庫。

圖 3-4 安裝 APOC 庫。

Jennifer Reif 在她的部落格文章 *Explore New Worlds—Adding Plugins to Neo4j*（*https://bit.ly/2TU0Lj3*）中更詳細地解釋了安裝過程。現在您已經準備好，要開始學習如何在 Neo4j 中執行圖形演算法了。

本章總結

在前面的章節中，我們已經描述了為什麼圖形分析對於研究現實世界網路很重要，並研究了基本的圖形概念、分析和處理，這些為我們瞭解如何應用圖形演算法打下了堅實的基礎。在下一章中，我們將瞭解如何使用 Spark 和 Neo4j 中的範例來執行圖形演算法。

## 第四章

尋路與圖形搜索演算法

圖形搜索演算法分為一般探索或指定搜索。這些演算法在圖形上刻劃出路徑，但沒有期望這些路徑在計算上是最優的路徑。我們將涵蓋廣度優先搜索（Breadth First Search）和深度優先搜索（Depth First Search），因為它們是遍歷圖的基礎，並且通常是做許多其他類型分析前的第一步。

尋路演算法建立在圖形搜索演算法的基礎上，並探索節點之間的路徑，從一個節點開始並遍歷關係，直到到達目的地。這些演算法被用來識別一個圖形上最好的路由，以用於諸如物流規劃、最低成本呼叫或 IP 繞送，以及遊戲模擬等用途。

我們會說到的尋路演算法有：

用兩個（*A** 和 *Yen*）演算法變體說明最短路徑
> 找到最短路徑或任選兩節點間的最短路徑

所有節點對間的最短路徑（*All Pairs Shortest Path*），以及單源最短路徑（*Single Source Shortest Path*）
> 在所有的節點對之間找到最短路徑，或選定一節點後到其他所有節點的最短路徑

最小生成樹（*Minimum Spanning Tree*）
> 用最小的成本，從一個選定的節點開始訪問所有節點，找到路徑連結的樹狀結構

隨機漫步（*Random Walk*）
> 對機器學習的工作流以及其他的圖形演算法來說，它是一個很實用的預處理 / 取樣步驟

在這一章中,我們將會說明這些演算法的動作,以及在 Spark 與 Neo4j 平台中展示範例。如果一個演算法只在一個平台中可用,我們將僅提供一個範例,或者說明你該如何自行實作。

圖 4-1 顯示了這些演算法類型之間的主要區別,表 4-1 是一個快速參考,說明各個演算法的計算是使用哪個範例。

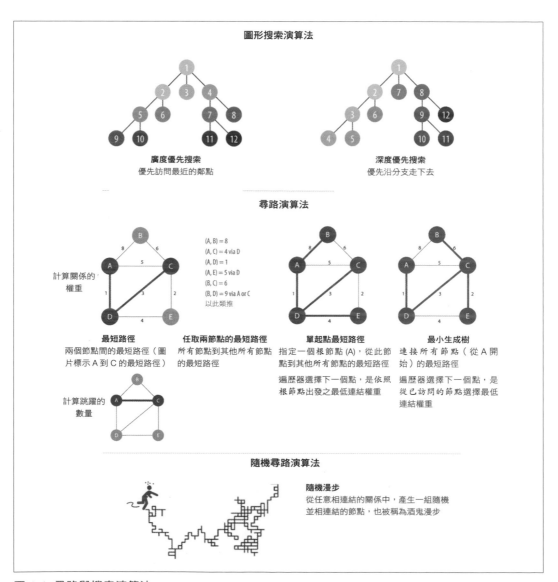

圖 4-1 尋路與搜索演算法。

表 4-1 尋路與搜索演算法一覽表

演算法型態	功能	使用範例	Spark 範例	Neo4j 範例
廣度優先搜索	遍歷樹狀結構，優先展開探索最近的鄰點，然後才是子層鄰點	在 GPS 系統上找鄰點，用來識別想關注的地點	有	無
深度優先搜索	遍歷樹狀結構，一個分支都盡可能的走到不能再向下走後，才回溯	在分層選擇的遊戲模擬中找到最佳解決方案路徑	無	無
最短路徑 兩種變體：A*、Yen's	計算一對節點間最短路徑	在兩個地點間找到駕駛路徑	有	有
任意節點最短路徑	在圖形中取任意兩點，計算兩點間的最短路徑	在塞車時評估替代路徑	有	有
單源最短路徑	指定一個根節點，計算由根節點到其他所有節點的最短路徑	電話路由中成本最低的路徑	有	有
最小生成樹	在一個連結的樹狀結構中計算路徑，這個路徑可以用最小的成本訪問所有節點	路由的最優連結方法，例如佈線或是收垃圾	無	有
隨機漫步	藉由隨機選擇的關係進行遍歷，回傳一堆指定數量節點，這些節點分佈在一個的路徑旁邊	機器學習增加訓練，或為圖形演算法增加資料	無	有

首先，我們查看範例要用的資料集合，並介紹如何將資料匯入 Apache Spark 和 Neo4j。對於每種演算法，我們將會先簡短描述該演算法，並且說明它如何動作的相關資訊。大多數章節還包括說明相關演算法的使用時機。最後，我們在每個演算法部分的最後，提供使用範例資料集的範例程式。

我們開始吧！

範例資料：運輸圖形

所有連接性資料都擁有節點之間的路徑，這就是為什麼搜索和尋路是圖形分析的起點。運輸資料集以直觀和容易取得的方式說明了這些關係。本章中的範例與包含歐洲道路網子集的圖（*http://www.elbruz.org/e-roads/*）。您可以從書的 GitHub repository（*https://bit.ly/2FPgGVV*）下載節點和關係檔。

表 4-2 transport-node.csv

id	latitude	longitude	population
Amsterdam	52.379189	4.899431	821752
Utrecht	52.092876	5.104480	334176
Den Haag	52.078663	4.288788	514861
Immingham	53.61239	-0.22219	9642
Doncaster	53.52285	-1.13116	302400
Hoek van Holland	51.9775	4.13333	9382
Felixstowe	51.96375	1.3511	23689
Ipswich	52.05917	1.15545	133384
Colchester	51.88921	0.90421	104390
London	51.509865	-0.118092	8787892
Rotterdam	51.9225	4.47917	623652
Gouda	52.01667	4.70833	70939

表 4-3 transport-relationships.csv

src	dst	relationship	cost
Amsterdam	Utrecht	EROAD	46
Amsterdam	Den Haag	EROAD	59
Den Haag	Rotterdam	EROAD	26
Amsterdam	Immingham	EROAD	369
Immingham	Doncaster	EROAD	74
Doncaster	London	EROAD	277
Hoek van Holland	Den Haag	EROAD	27
Felixstowe	Hoek van Holland	EROAD	207
Ipswich	Felixstowe	EROAD	22
Colchester	Ipswich	EROAD	32
London	Colchester	EROAD	106
Gouda	Rotterdam	EROAD	25
Gouda	Utrecht	EROAD	35
Den Haag	Gouda	EROAD	32
Hoek van Holland	Rotterdam	EROAD	33

圖 4-2 顯示我們想要構建的圖形。

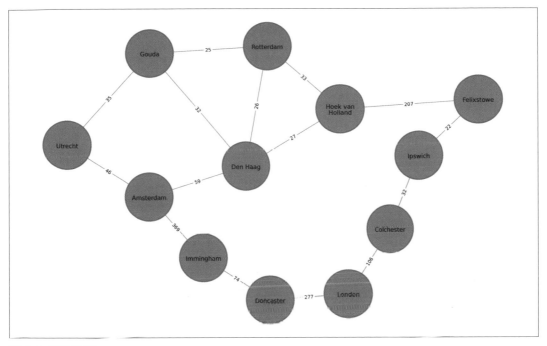

圖 4-2　運輸圖形。

為了簡單起見，我們認為圖 4-2 中的圖表是無向的，因為大多數城市之間的道路是雙向的。如果我們把圖形當成是有向圖進行評估的話，會因為少數單向道路，而得到稍微不同的結果，不過整體來說，解法仍然相似。但是 Spark 和 Neo4j 都是在有向圖上動作，在這種情況下，如果我們想處理無向圖（例如雙向道路），有一種簡單的方法可以做到這一點：

- 對於 Spark，我們將為 *transport-relationships.csv* 中的每一行創建兩個關係——一個從 dst 到 src，一個從 src 到 dst。

- 對於 Neo4j，我們將創建一個關係，然後在執行演算法時忽略關係方向。

瞭解了這些小的建模修正方法後，我們現在可以開始從範例 CSV 檔將圖形載入到 Spark 和 Neo4j 中。

資料匯入 Apache Spark

讓我們從 Spark 開始，我們首先將 Spark 與 GraphFrames 套件中匯入我們需要的套件：

```
from pyspark.sql.types import *
from graphframes import *
```

下面的函式會利用範例 CSV 檔案建出一個 GraphFrame：

```
def create_transport_graph():
    node_fields = [
        StructField("id", StringType(), True),
        StructField("latitude", FloatType(), True),
        StructField("longitude", FloatType(), True),
        StructField("population", IntegerType(), True)
    ]
    nodes = spark.read.csv("data/transport-nodes.csv", header=True,
                            schema=StructType(node_fields))

    rels = spark.read.csv("data/transport-relationships.csv", header=True)
    reversed_rels = (rels.withColumn("newSrc", rels.dst)
                    .withColumn("newDst", rels.src)
                    .drop("dst", "src")
                    .withColumnRenamed("newSrc", "src")
                    .withColumnRenamed("newDst", "dst")
                    .select("src", "dst", "relationship", "cost"))

    relationships = rels.union(reversed_rels)

    return GraphFrame(nodes, relationships)
```

匯入節點很簡單，但匯入關係的話，我們就要做一些額外的預處理，才能把每個關係建立兩次。

現在就呼叫剛才建好的函式：

```
g = create_transport_graph()
```

資料匯入 Neo4j

現在改為使用 Neo4j，也從匯入節點開始：

```
WITH "https://github.com/neo4j-graph-analytics/book/blob/master/data/" AS base
WITH base + "transport-nodes.csv" AS uri
LOAD CSV WITH HEADERS FROM uri AS row
MERGE (place:Place {id:row.id})
SET place.latitude = toFloat(row.latitude),
    place.longitude = toFloat(row.latitude),
    place.population = toInteger(row.population)
```

然後匯入關係：

```
WITH "https://github.com/neo4j-graph-analytics/book/raw/master/data/" AS base
WITH base + "transport-relationships.csv" AS uri
LOAD CSV WITH HEADERS FROM uri AS row
MATCH (origin:Place {id: row.src})
MATCH (destination:Place {id: row.dst})
MERGE (origin)-[:EROAD {distance: toInteger(row.cost)}]->(destination)
```

雖然我們儲存的是有向關係，但本章後面執行演算法時，將會忽略方向。

廣度優先搜索

廣度優先搜索（Breadth First Search，BFS）是圖形遍歷的基本演算法之一。它從一個選定的節點開始，探索所有距離為一次跳躍的鄰居，然後才是探索兩次跳躍以上的其他鄰居，依此類推。

該演算法最早於 1959 年由 Edward F. Moore 發表，他用它來尋找迷宮中最短的路徑。然後，C. Y. Lee 於 1961 年在 *An Algorithm for Path Connections and Its Applications*（*https://bit.ly/2U1jucF*）中，將其開發為佈線用演算法。

相較於其他特定用途的演算法來說，BFS 是最常用的基礎演算法。舉例來說，最短路徑、連接元件和緊密性中心性都使用 BFS 演算法，它也可以用來尋找節點之間的最短路徑。

圖 4-3 顯示了如果我們執行從荷蘭的 Den Haag 城（在英語中稱為 Hague）開始做廣度優先搜索的話，我們訪問傳輸圖節點的順序。城市名稱旁邊的數字表示訪問該節點的順序。

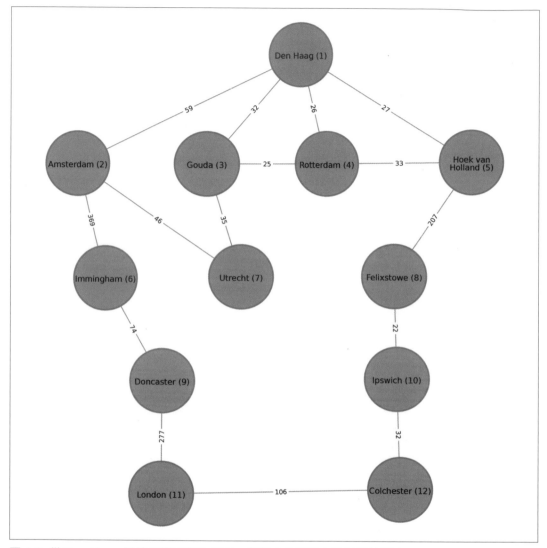

圖 4-3 從 Den Haag 開始的廣度優先搜索，節點中的編號表示遍歷的順序。

我們先去拜訪所有 Den Haag 的直接鄰居，然後再去拜訪它們的鄰居和鄰居的鄰居，直到我們沒有任何關係可以進行遍歷。

Apache Spark 的廣度優先搜索

Spark 中實作的廣度優先搜索演算法，是透過兩個節點之間的關係（即跳躍數）找到兩個節點之間的最短路徑。您可以指定目標節點名稱或添加必須被滿足的其他條件。

例如，我們可以使用 bfs 函數去找第一個人口在 10 萬到 30 萬之間的中等城市（城市大小分類是按歐洲標準）。讓我們首先看一下哪些地方的人口符合這些標準：

```
(g.vertices
 .filter("population > 100000 and population < 300000")
 .sort("population")
 .show())
```

這是我們將會看到的輸出：

id	latitude	longitude	population
Colchester	51.88921	0.90421	104390
Ipswich	52.05917	1.15545	133384

只有兩個地方符合我們的條件，基於廣度優先搜索，我們認為會先找到 Ipswich。

以下的程式碼會查找從 Den Haag 到中等城市的最短路徑：

```
from_expr = "id='Den Haag'"
to_expr = "population > 100000 and population < 300000 and id <> 'Den Haag'"
result = g.bfs(from_expr, to_expr)
```

result 中的欄位描述兩個城市之間節點和關係，我們可以執行以下程式碼來查看回傳的清單：

```
print(result.columns)
```

這是我們將會看到的輸出：

```
['from', 'e0', 'v1', 'e1', 'v2', 'e2', 'to']
```

以 e 開頭欄位的是關係（譯按：即邊（edge）的首字母），以 v 開頭的欄位表示節點（頂點 vertice）。我們只對節點感興趣，所以讓我們從結果資料框中篩除 e 開頭的欄位：

```
columns = [column for column in result.columns if not column.startswith("e")]
result.select(columns).show()
```

如果在 pyspark 中執行程式，我們將會看到下列的輸出：

from	v1	v2	to
[Den Haag,52.078...	[Hoek van Holland...	[Felixstowe,51.9...	[Ipswich,52.0591...

如預期，bfs 演算法返回 Ipswich！記住，當找到第一個匹配項時，這個函式就被滿足了，如圖 4-3 所示，Ipswich 在 Colchester 之前先被找到。

深度優先搜索

深度優先搜索（Depth First Search，DFS）是另一種基本的圖遍歷演算法。它從一個選定的節點開始，選擇它的一個鄰居，然後在回溯之前沿著該路徑盡可能地進行遍歷。

DFS 最初是由法國數學家 Charles Pierre Trémaux 發明的，他把這個演算法當成一種解決迷宮的策略。它提供了一個有用的工具來模擬場景建模（scenario modeling）的可能路徑。

圖 4-4 顯示了如果我們執行從 Den Haag 開始的 DFS，我們訪問運輸圖形節點的順序。

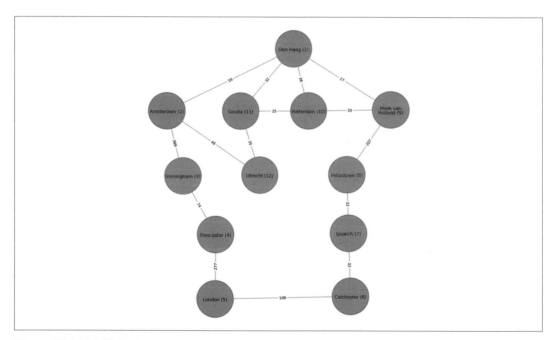

圖 4-4 深度優先搜索從 Den Haag 開始，節點中的編號表示遍歷的順序。

注意節點順序與 BFS 不一樣。對於範例執行的 DFS 來說，我們首先從 Den Haag 走到 Amsterdam，然後能夠到達圖中的每個其他節點，都沒有碰到要回溯的情況！

我們可以看到搜索演算法是如何奠定在圖形上的移動的基礎。現在，讓我們看看尋路演算法，它們根據跳數或權重找到最便宜的路徑。權重可以是任何度量，例如時間、距離、容量或成本。

兩種特殊路徑 / 循環圖形

圖形分析中有兩種特殊路徑值得注意。首先，歐拉路徑（*Eulerian path*）是每個關係只訪問一次的路徑。第二，漢米爾頓路徑（*Hamiltonian path*）是每個節點只訪問一次的路徑。路徑可以是歐拉或哈密頓，如果您在同一節點開始和結束，它被認為是一個循環（*cycle*）或遊覽（*tour*），如圖 4-5 中所見。

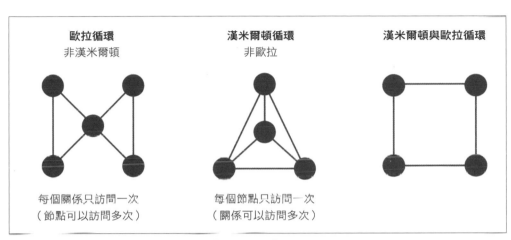

圖 4-5 歐拉循環和漢米爾頓循環具有特殊的歷史意義。

第 1 章中的 Königsberg 橋問題是在尋找歐拉循環。我們很就容易就可以看出它如何適用於路由場景，例如為剷雪車指向或郵件投遞。然而，其他演算法也用歐拉路徑處理樹結構中的資料，並且在數學上來說比其他循環更容易學習。

漢米爾頓循環最廣為人知的是，它與旅行推銷員問題（*Traveling Salesman Problem*，TSP）有關，旅行推銷員問題指的是「對於一個銷售員來說，訪問每個指定城市並返回原城市的最短路線是什麼？」儘管問題看起來類似於歐拉循環，但 TSP 有近似解而計算量更大，它被用於各種各樣的計畫、物流和優化問題中。

最短路徑

最短路徑演算法用來求得一對節點之間的最短（加權）路徑。它在使用者互動和動態的工作流程很有用，因為它可以即時反應。

尋路演算法的歷史可以追溯到 19 世紀，被認為是一個經典的圖形問題。它在 50 年代初期以找出最短替代路徑闖出名聲，最短替代路徑就是當最短路徑被阻塞時，去找到第二條最短路徑。1956 年，Edsger Dijkstra 發明了這些最著名的演算法。

Dijkstra 的最短路徑（Shortest Path）演算法從起始節點開始，然後找到直接關係中最小權重關係。它會持續追蹤這些權重，並移動到「最近」的節點。然後，它執行相同的計算，但現在累積總數是從起始節點開始算。演算法持續做一樣的事，一波波地累加累積權重，並在前進的過程中，始終選擇最小加權累積路徑繼續前進，直到到達目標節點。

在圖表分析中，當描述關係和路徑時，您會注意到重量、成本、距離和跳躍等術語的使用。「重量」是關係中某個屬性的數值，「成本」的用法類似，但在描述一條路徑的總重量時，我們會更經常使用它。

「距離」在演算法中常被當作關係屬性的名稱，該屬性代表一對節點之間的遍歷成本，不限定是實際測量的物理距離。「跳躍」通常用於表示兩個節點之間的關係數。你可能會看到其中一些術語組合在一起，例如：「到倫敦的距離是 5 個跳躍」或「這是距離的最低成本」。

何時應該使用最短路徑？

使用最短路徑在一對節點之間查找最佳路徑，可以根據跳躍數或任何加權關係值。例如，它可以即時提供關於分離度、節點之間最短距離或最便宜路線的答案。您還可以使用此演算法來簡單地探索特定節點之間的連接。

使用情境範例如下：

- 查找位置之間的路徑。如 Google 地圖這種網路地圖工具，就是使用最短路徑演算法，或一個接近它的變種，以提供駕駛方向。

- 找出社交網路中人和人之間的分離程度。例如，當您在 LinkedIn 上查看某人的個人資料時，它將指示在圖形中有多少人在你和它之間，並列出你們之間的相互連接。

- 根據演員和 Kevin Bacon 之間有多少部電影的分離度（稱為 *Bacon Number*），找出他們之間的分離程度，你可以在 Oracle of Bacon 網站（*https://oracleofbacon. org*）上看到這一個分離度計算的例子。而 Erdös Number 專案（*https://www. oakland.edu/enp*）提供了一個類似的圖形分析，它是基於與二十世紀最多產的數學家之一 Paul Erdös 的合作關係進行的圖形分析。

Dijkstra 的演算法不支援負數加權值。該演算法假定，將一個關係加入到一組路徑後，不會使路徑變短——這是一個不變式，但負權重會破壞這個不變式。

Neo4j 的最短路徑

Neo4j 圖形演算法庫有一個內程式，我們可以使用它來計算未加權和加權的最短路徑。讓我們先學習如何計算未加權的最短路徑。

所有 Neo4j 的最短路徑演算法都假定基礎圖是無向的，您可以透過指定 direction: "OUTGOING" 或 direction: "INCOMING" 來覆寫 direction 參數的預設值。

為了讓 Neo4j 的最短路徑演算法忽略權重，我們需要將 null 值作為第三個參數傳遞給程式，這表明在執行演算法時我們不想考慮權重屬性。然後，演算法將假定每個關係的預設權重為 1.0：

```
MATCH (source:Place {id: "Amsterdam"}),
      (destination:Place {id: "London"})
CALL algo.shortestPath.stream(source, destination, null)
YIELD nodeId, cost
RETURN algo.getNodeById(nodeId).id AS place, cost
```

此查詢返回以下輸出：

place	cost
Amsterdam	0.0
Immingham	1.0
Doncaster	2.0
London	3.0

這裡的成本是關係數（或跳躍）的累計總成本。這路徑與我們在 Spark 中使用寬度優先搜索看到的相同。

我們甚至可以撰寫一些 Cypher 述句來做後處理，來計算沿著此路徑走的總距離。下面的程序計算出最短的未加權路徑，然後計算出該路徑的實際成本是多少：

```
MATCH (source:Place {id: "Amsterdam"}),
      (destination:Place {id: "London"})
CALL algo.shortestPath.stream(source, destination, null)
YIELD nodeId, cost

WITH collect(algo.getNodeById(nodeId)) AS path
UNWIND range(0, size(path)-1) AS index
WITH path[index] AS current, path[index+1] AS next
WITH current, next, [(current)-[r:EROAD]-(next) | r.distance][0] AS distance

WITH collect({current: current, next:next, distance: distance}) AS stops
UNWIND range(0, size(stops)-1) AS index
WITH stops[index] AS location, stops, index
RETURN location.current.id AS place,
       reduce(acc=0.0,
              distance in [stop in stops[0..index] | stop.distance] |
              acc + distance) AS cost
```

如果你覺得前面的範例程式碼有點笨拙，請把焦點放在如何修改資料，使它可以包含整個過程的成本。當我們需要累積路徑成本時，知道可以這麼做會很有幫助。

該查詢返回以下結果：

place	cost
Amsterdam	0.0
Immingham	369.0
Doncaster	443.0
London	720.0

圖 4-6 顯示了從 Amsterdam 到 London 的未加權最短路徑，我們的路由將經過最少的城市，總成本為 720 公里。

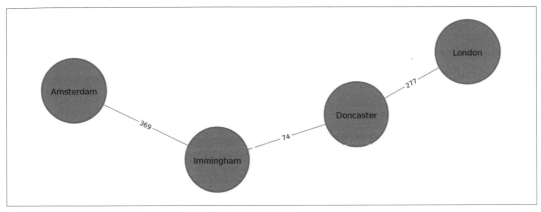

圖 4-6 Amsterdam 和 London 之間的未加權最短路徑。

直接選取訪問節點數最少的路線可能在地鐵系統等情況下非常有用，因為在這些情況下，最想要儘量少停幾站。然而，在道路駕駛場景中，我們可能更關心的是使用最短加權路徑的總成本。

Neo4j 的最短路徑（加權）

我們可以用如下方的程式來執行加權最短路徑（Weighted Shortest Path）演算法，以找到 Amsterdam 與 London 之間的最短路徑：

```
MATCH (source:Place {id: "Amsterdam"}),
      (destination:Place {id: "London"})
CALL algo.shortestPath.stream(source, destination, "distance")
YIELD nodeId, cost
RETURN algo.getNodeById(nodeId).id AS place, cost
```

傳給這個演算法的參數為：

source

最短路徑搜尋的起始節點。

destination

最短路徑結束節點。

distance

關係屬性的名稱，這個屬性用來代表在一對節點間的遍歷成本。

成本為兩個地點間的公里數，查詢返回結果如下：

place	cost
Amsterdam	0.0
Den Haag	59.0
Hoek van Holland	86.0
Felixstowe	293.0
Ipswich	315.0
Colchester	347.0
London	453.0

最快的路線帶領我們經過 Den Haag、Hoek van Holland、Felixstowe、Ipswich 和 Colchester！顯示的成本是我們在城市間前進時的累計總額。首先，我們從 Amsterdam 去 Den Haag，花費 59 公里。然後我們從 Den Haag 到 Hoek van Holland，累計花費 86... 等等。最後，我們從 Colchester 到達 London，總共花費 453 公里。

請記住，未加權的最短路徑的總成本為 720 公里，因此在計算最短路徑時，我們可以考慮權重，就可以節省 267 公里。

Apache Spark 的最短路徑（加權）

在 Apache Spark 的廣度優先搜索部分，我們已學習到如何在兩個節點之間找到最短路徑。當時最短路徑的計算基於跳躍，因此與此處的最短加權路徑不同，此處的最短*加權*路徑將告訴我們城市之間最短的總距離。

如果我們想要找到最短的加權路徑（在本例中是距離），我們需要使用 cost 屬性，它用於各種類型的加權。此屬性並不是 GraphFrames 預設就有的，因此我們需要使用 **aggregateMessages** framework（*https://bit.ly/2JCFBRJ*）來編寫自己的加權最短路徑程式碼。Spark 的大多數演算法範例，都簡單地從函式庫中呼叫演算法，但是我們可以選擇編寫自己的函數。有關 **aggregateMessages** 的更多資訊，請參閱 GraphFrames 說明文件中的 *Message passing via AggregateMessages* 部分（*http://bit.ly/2Wo6Hxg*）。

如果可以的話，我們建議利用現有的、已經過測試的函式庫。當需要編寫自己的函數，特別是對於更複雜的演算法，需要對資料和計算有更深的理解。

下面的範例是個參考實作，在將它運用於更大的資料集之前需要進行優化。那些對編寫自己的函數不感興趣的人可以跳過這個例子。

在創建我們自己的函數之前，我們將匯入一些將要使用的函式庫：

```
from graphframes.lib import AggregateMessages as AM
from pyspark.sql import functions as F
```

Aggregate_Messages 模組是 GraphFrames 函式庫的一部分，包含一些有用的輔助函式。

現在我們來編寫自己的函式，首先要建立一個使用者自訂函式，我們將使用這個函式建立起始節點到目的節點之間的路徑：

```
add_path_udf = F.udf(lambda path, id: path + [id], ArrayType(StringType()))
```

再來是撰寫主要函式，這個函式用來計算從起始節點開始的最短路徑，當訪問到目標節點時，就馬上回傳：

```
def shortest_path(g, origin, destination, column_name="cost"):
    if g.vertices.filter(g.vertices.id == destination).count() == 0:
        return (spark.createDataFrame(sc.emptyRDD(), g.vertices.schema)
                .withColumn("path", F.array()))

    vertices = (g.vertices.withColumn("visited", F.lit(False))
                .withColumn("distance", F.when(g.vertices["id"] == origin, 0)
                            .otherwise(float("inf")))
                .withColumn("path", F.array()))
    cached_vertices = AM.getCachedDataFrame(vertices)
    g2 = GraphFrame(cached_vertices, g.edges)

    while g2.vertices.filter('visited == False').first():
        current_node_id = g2.vertices.filter('visited == False').sort
                                        ("distance").first().id

        msg_distance = AM.edge[column_name] + AM.src['distance']
        msg_path = add_path_udf(AM.src["path"], AM.src["id"])
        msg_for_dst = F.when(AM.src['id'] == current_node_id,
                            F.struct(msg_distance, msg_path))
        new_distances = g2.aggregateMessages(F.min(AM.msg).alias("aggMess"),
                                            sendToDst=msg_for_dst)

        new_visited_col = F.when(
            g2.vertices.visited | (g2.vertices.id == current_node_id),
                                            True).otherwise(False)
        new_distance_col = F.when(new_distances["aggMess"].isNotNull() &
                            (new_distances.aggMess["col1"]
                            < g2.vertices.distance),
                            new_distances.aggMess["col1"])
                            .otherwise(g2.vertices.distance)
        new_path_col = F.when(new_distances["aggMess"].isNotNull() &
```

```
                        (new_distances.aggMess["col1"]
                        < g2.vertices.distance), new_distances.aggMess["col2"]
                        .cast("array<string>")).otherwise(g2.vertices.path)

        new_vertices = (g2.vertices.join(new_distances, on="id",
                                        how="left_outer")
                        .drop(new_distances["id"])
                        .withColumn("visited", new_visited_col)
                        .withColumn("newDistance", new_distance_col)
                        .withColumn("newPath", new_path_col)
                        .drop("aggMess", "distance", "path")
                        .withColumnRenamed('newDistance', 'distance')
                        .withColumnRenamed('newPath', 'path'))
        cached_new_vertices = AM.getCachedDataFrame(new_vertices)
        g2 = GraphFrame(cached_new_vertices, g2.edges)
        if g2.vertices.filter(g2.vertices.id == destination).first().visited:
            return (g2.vertices.filter(g2.vertices.id == destination)
                    .withColumn("newPath", add_path_udf("path", "id"))
                    .drop("visited", "path")
                    .withColumnRenamed("newPath", "path"))
    return (spark.createDataFrame(sc.emptyRDD(), g.vertices.schema)
            .withColumn("path", F.array()))
```

 如果在我們的函式中儲存對任何 DataFrame 的參照的話，我們將必須使用 AM.getCacheDataFrame 函式來快取它們，否則的話，將會在執行的過程中碰到記憶體洩漏的問題。在上面的 shortest_path 函式中，我們將使用 AM.getCacheDataFrame 函式來快取 vertices 和 new_vertices 這兩個 DataFrame。

如果我們想要找到 Amsterdam 和 Colchester 之間的最短路徑的話，就可以這樣呼叫剛才撰寫的函式：

```
result = shortest_path(g, "Amsterdam", "Colchester", "cost")
result.select("id", "distance", "path").show(truncate=False)
```

呼叫後回傳的結果如下：

id	distance	path
Colchester	347.0	[Amsterdam, Den Haag, Hoek van Holland, Felixstowe, Ipswich, Colchester]

Amsterdam 和 Colchester 之間的最短路徑總距離是 347 公里，將經過 Den Haag、Hoek van Holland、Felixstowe 和 Ipswich。相比之下，我們前面使用廣度優先搜索演算法（參見圖 4-4）以關係數量所計算出的位置之間的最短路徑，將帶我們經過 Immingham、Doncaster 和 London。

最短路徑變體：A*

A* 最短路徑演算法改進了 Dijkstra 演算法，能用更快的速度找到最短路徑。它的演算法在決定接下來要訪問哪一條路時，藉由在啟發函式中加入額外資訊，來做到加速。

該演算法由 Peter Hart、Nils Nilsson 和 Bertram Raphael 發明，並在其 1968 年的論文 *A Formal Basis for the Heuristic Determination of Minimum Cost Paths*（*https://bit.ly/2JAaV3s*）中發表。

A* 演算法透過在其主迴圈中決定每次迭代中要展開哪些部分路徑來運作。這個決策是基於對到達目標節點的成本（啟發式）的估計值。

> 要謹慎地使用啟發函式來估計路徑成本，低估路徑成本可能引入一些可能被已刪除的路徑，但結果仍然是正確的。但是，如果啟發函式高估了路徑成本，它可能會跳過實際上真正的較短路徑（錯誤地估計了較長路徑），而這些路徑應該先被評估，這樣的情況可能導致不準確的結果。

A* 選擇的路徑是能最小化以下函數的路徑：

`f(n) = g(n) + h(n)`

其中：

- g(n) 是從起點到節點 n 的路徑成本。

- h(n) 是從節點 n 到目標節點的路徑的估計成本，透過啟發函式計算得出。

> 在 Neo4j 的實作中，地理上的距離被用在啟發函式中。在我們的範例運輸資料集中，每個位置的緯度和經度被用在啟發函式中。

Neo4j 中的 A*

以下查詢會執行 A* 演算法，用來查找 Den Haag 和 London 之間的最短路徑：

```
MATCH (source:Place {id: "Den Haag"}),
      (destination:Place {id: "London"})
CALL algo.shortestPath.astar.stream(source,
          destination, "distance", "latitude", "longitude")
YIELD nodeId, cost
RETURN algo.getNodeById(nodeId).id AS place, cost
```

傳遞給此演算法的參數是：

source

最短路徑搜索開始的節點。

destination

最短路徑搜索結束的節點。

distance

關係屬性的名稱，表示一對節點之間的遍歷成本，成本是兩個地點之間的公里數。

latitude

節點屬性的名稱，用於表示每個節點的緯度，作為地理空間啟發函式計算的一部分。

longitude

節點屬性的名稱，用於表示每個節點的經度，作為地理空間啟發函式計算的一部分。

執行此程式會得到以下結果：

place	cost
Den Haag	0.0
Hoek van Holland	27.0
Felixstowe	234.0
Ipswich	256.0
Colchester	288.0
London	394.0

我們使用最短路徑演算法也得到相同的結果，但對更複雜的資料集來說，A* 演算法將更快，因為它評估的路徑更少。

最短路徑變體：Yen's k- 最短路徑

Yen's *k-* 最短路徑演算法類似於最短路徑演算法，但它不只是查找兩對節點之間的最短路徑，還能計算第二最短路徑、第三最短路徑等，最多可得到 *k-1* 個路徑。

Jin Y. Yen 於 1971 年發明了該演算法，並在 *Finding the K Shortest Loopless Paths in a Network*（*https://bit.ly/2HS0eXB*）中發表。當我們的目標不是想找到絕對最短路徑時，該演算法就會很有用。當我們需要多個可行方案時，它會特別實用！

Neo4j 中的 Yen's 演算法

以下的查詢會執行 Yen's 演算法，然後找出 Gouda 和 Felixstowe 之間的最短路徑：

```
MATCH (start:Place {id:"Gouda"}),
      (end:Place {id:"Felixstowe"})
CALL algo.kShortestPaths.stream(start, end, 5, "distance")
YIELD index, nodeIds, path, costs
RETURN index,
       [node in algo.getNodesById(nodeIds[1..-1]) | node.id] AS via,
       reduce(acc=0.0, cost in costs | acc + cost) AS totalCost
```

傳遞給演算法的參數如下：

start
> 最短路徑搜尋開始的節點。

end
> 最短路徑搜尋結束的節點。

5
> 要查找的最短路徑數量。

distance
> 關係的一個屬性名字，表示一對節點之間的遍歷成本，這個成本是兩個地點之間的公里數。

在得到回傳的最短路徑後，我們查找每個節點 ID 的關聯節點，並從集合中篩去開始和結束節點。

執行該程式得出以下結果：

index	via	totalCost
0	[Rotterdam, Hoek van Holland]	265.0
1	[Den Haag, Hoek van Holland]	266.0
2	[Rotterdam, Den Haag, Hoek van Holland]	285.0
3	[Den Haag, Rotterdam, Hoek van Holland]	298.0
4	[Utrecht, Amsterdam, Den Haag, Hoek van Holland]	374.0

圖 4-7 顯示了 Gouda 和 Felixstowe 之間的最短路徑。

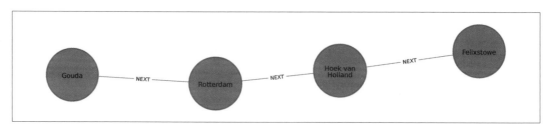

圖 4-7 Gouda 和 Felixstowe 之間的最短路徑。

圖 4-7 中的最短路徑與按總成本排序，它說明有時您可能需要考慮幾個最短路徑或其他參數。在這個例子中，第二條最短的路線只比最短的路線長 1 公里。如果我們喜歡看風景，我們可以選擇稍長一點的路線。

所有節點最短路徑

所有對最短路徑（All Pairs Shortest Path，APSP）演算法計算所有節點之間的最短（加權）路徑。相比之下，和把所有節點抓成對，分別執行單起始點最短路徑比較起來，它的效率更好。

APSP 利用持續追蹤到目前為止的距離，並在節點上平行化運算來優化操作。然後，在計算一個之前未看到節點的最短路徑時，可以重用這些已計算過的距離。您可以按照下一節中的範例，更好地瞭解此演算法的工作原理。

有些節點對可能無法相互連接，這表示著這些節點之間沒有最短路徑。演算法不會回傳這些節點對的距離。

細探所有節點最短路徑

照著操作流程做時，最容易理解 APSP 的計算。圖 4-8 中的圖表將介紹節點 A 的操作步驟。

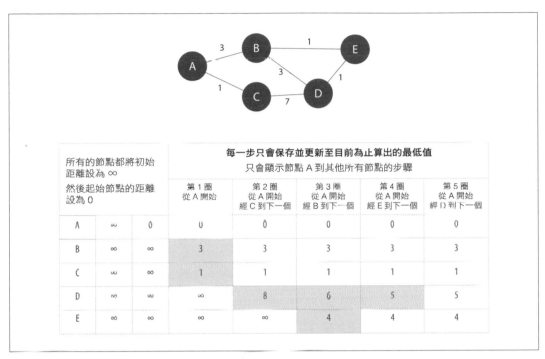

圖 4-8 計算從節點 A 出發到所有其他節點的最短路徑分解步驟，並用陰影表示更新。

最初，該演算法假定到所有節點的距離都是無限遠。選擇開始節點後，到該節點的距離設置為 0，計算過程如下：

1. 從開始節點 A，我們評估可以到達的那些節點成本，並更新這些值。尋找最小的成本時，我們可以選擇 B（成本 3）或 C（成本 1），所以選擇 C 作為下一階段的遍歷。

2. 現在，從節點 C 開始，演算法更新從 A 到可以直接從 C 到達的節點的累計距離。只有當發現成本較低時，才會更新值：

   A=0, B=3, C=1, D=8, E= ∞

3. 然後選擇 B 作為下一個尚未訪問的最近節點，它與節點 A、D 和 E 之間有關系。演算法將 A 到 B 的距離與從 B 到每個節點的距離相加，來計算出到這些節點的距離。請注意，從起始節點 A 到當前節點的最低成本始終保留為沉沒成本。距離（d）計算結果：

```
d(A,A) = d(A,B) + d(B,A) = 3 + 3 = 6
d(A,D) = d(A,B) + d(B,D) = 3 + 3 = 6
d(A,E) = d(A,B) + d(B,E) = 3 + 1 = 4
```

- 在此步驟中，節點 A 到 B 和返回到 A 的距離，如 d（A,A）= 6，大於已計算的最短距離（0），因此其值不更新。

- 節點 D（6）和 E（4）的距離小於之前計算的距離，因此更新它們的值。

4. 接下來選擇 E，現在只有達到 D（5）的累積總數更低，因此它是唯一要更新的一個。

5. 當最終計算 D 時，沒有新的最小路徑權重；沒有任何內容需要更新，演算法結束。

 儘管所有對的最短路徑演算法都經過了優化，可以對每個節點做平行化運算，但對於一個非常大的圖形來說，仍然會是個問題。如果只需要計算節點子類別之間的路徑，請考慮使用子圖。

何時應該使用所有節點最短路徑？

當最短路徑被阻塞或變得不理想時，所有節點最短路徑通常用於取得其他可行路徑。例如，該演算法用於邏輯路徑規劃，以確保多樣性路由的最佳多個路徑。當需要考慮所有或大部分節點之間的所有可能路徑時，請使用所有節點最短路徑。

使用情境包括：

- 優化城市設施的位置和商品分配。此方面的一個例子是確定運輸網路中不同路段的預期交通負荷。有關更多資訊，請參閱 R. C. Larson 和 A. R. Odoni's 的書 *Urban Operations Research*（Prentice-Hall）。

- 作為資料中心設計演算法的一部分，查找具有最大頻寬和最小延遲的網路。A. R. Curtis 等人的論文 *REWIRE: An Optimization-Based Framework for Data Center Network Design*（*https://bit.ly/2HTbhzY*）中有更多關於這種方法的細節。

Apache Spark 的所有節點最短路徑

Spark 的 shortestPaths 函式是設計用來尋找從所有節點到一組稱為地標（*landmarks*）的節點的最短路徑。如果我們想要找到所有節點到 Colchester、Immingham 以及 Hoek van Holland 的最短路徑，我們應該做以下查詢：

```
result = g.shortestPaths(["Colchester", "Immingham", "Hoek van Holland"])
result.sort(["id"]).select("id", "distances").show(truncate=False)
```

如果我們在 pyspark 中執行前面的程式碼，會得到以下的輸出：

id	distances
Amsterdam	[Immingham → 1, Hoek van Holland → 2, Colchester → 4]
Colchester	[Colchester → 0, Hoek van Holland → 3, Immingham → 3]
Den Haag	[Hoek van Holland → 1, Immingham → 2, Colchester → 4]
Doncaster	[Immingham → 1, Colchester → 2, Hoek van Holland → 4]
Felixstowe	[Hoek van Holland → 1, Colchester → 2, Immingham → 4]
Gouda	[Hoek van Holland → 2, Immingham → 3, Colchester → 5]
Hoek van Holland	[Hoek van Holland → 0, Immingham → 3, Colchester → 3]
Immingham	[Immingham → 0, Colchester → 3, Hoek van Holland → 3]
Ipswich	[Colchester → 1, Hoek van Holland → 2, Immingham → 4]
London	[Colchester → 1, Immingham → 2, Hoek van Holland → 4]
Rotterdam	[Hoek van Holland → 1, Immingham → 3, Colchester → 4]
Utrecht	[Immingham → 2, Hoek van Holland → 3, Colchester → 5]

在 distances 欄中，每個地點旁邊的數字代表，從起始點起算，我們需要遍歷多少條關係（路）才能到達該地點。在我們的範例中，Colchester 是我們的目標地之一，你可以看到它自己需要穿越 0 個節點才能到達它自己，而從 Immingham 和 Hoek van Holland 則要 3 次跳躍才能到達。如果我們做計畫旅行的話，可以利用這些資訊對我們的時間做大限度地利用，以到達所選的目的地。

Neo4j 的所有節點對最短路徑

Neo4j 含有一個平行化過的所有節點最短路徑演算法，會回傳每對節點之間的距離。

此程序的第一個參數是用於計算最短加權路徑的屬性，如果我們將其設置為 null，那麼演算法將計算所有節點對之間的未加權最短路徑。

以下查詢就是這麼做的：

```
CALL algo.allShortestPaths.stream(null)
YIELD sourceNodeId, targetNodeId, distance
WHERE sourceNodeId < targetNodeId
RETURN algo.getNodeById(sourceNodeId).id AS source,
       algo.getNodeById(targetNodeId).id AS target,
       distance
ORDER BY distance DESC
LIMIT 10
```

此演算法返回所有節點對的最短路徑兩次——每次將該對節點的其中之一作為起始節點，如果您評估的是單行道街道的有向圖，這將很有用。但是，我們不需要看到每個路徑兩次，因此我們使用 sourceNodeId < targetNodeId 補述句篩選結果，僅保留其中一個。

查詢返回以下結果：

source	target	distance
Colchester	Utrecht	5.0
London	Rotterdam	5.0
London	Gouda	5.0
Ipswich	Utrecht	5.0
Colchester	Gouda	5.0
Colchester	Den Haag	4.0
London	Utrecht	4.0
London	Den Haag	4.0
Colchester	Amsterdam	4.0
Ipswich	Gouda	4.0

因為我們的要求按降冪排列（DESC），此輸出顯示城市間關係最多的 10 對城市。

如果要計算最短的加權路徑，第一個參數就不要傳遞 null 值，可以傳遞包含短路徑計算中使用的 cost 的屬性名。然後該屬性就會被拿去進行評估，得出每對節點之間的最短加權路徑。

下面的查詢就是這麼做的：

```
CALL algo.allShortestPaths.stream("distance")
YIELD sourceNodeId, targetNodeId, distance
WHERE sourceNodeId < targetNodeId
RETURN algo.getNodeById(sourceNodeId).id AS source,
       algo.getNodeById(targetNodeId).id AS target,
       distance
ORDER BY distance DESC
LIMIT 10
```

回傳的結果如下：

source	target	distance
Doncaster	Hoek van Holland	529.0
Rotterdam	Doncaster	528.0
Gouda	Doncaster	524.0
Felixstowe	Immingham	511.0
Den Haag	Doncaster	502.0
Ipswlch	Immingham	489.0
Utrecht	Doncaster	489.0
London	Utrecht	460.0
Colchester	Immingham	457.0
Immingham	Hoek van Holland	455.0

現在我們看到了 10 對彼此距離最遠的城市，以及它們之間的總距離。請注意，Doncaster 和荷蘭的幾個城市的配對很常出現。如果我們想在這些地區之間進行公路旅行的話，看起來要開很長的路。

單源最短路徑

單源最短路徑（Single Source Shortest Path，SSSP）演算法，與 Dijkstra 的最短路徑演算法同時面世，能解決最短路徑問題，也能解決單源最短路徑問題。。

SSSP 演算法計算從根節點到圖中所有其他節點的最短（加權）路徑，如圖 4-9 所示。

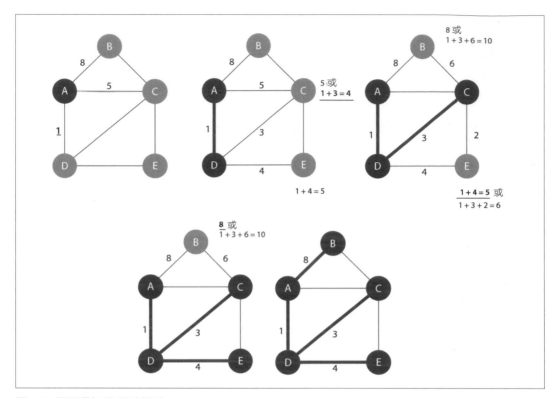

圖 4-9 單源最短路徑演算法。

處理步驟如下：

1. 它從一個根節點開始，從該根節點測量所有路徑。在圖 4-9 中，我們選擇了節點 A 作為根節點。

2. 將選擇與來自該根節點的最小權重的關係，並將與其連接的節點一起添加到樹中，在我們的範例中，這是 d（A,D）= 1。

3. 選擇從根節點到任何未訪問節點，這個節點的累計權重為最小，作為下一個關係，並以相同的方式添加到樹中。我們在圖 4-9 中的選擇是直接連結的 d（A,B）= 8，d（A,C）= 5 或透過 D 連接的 A-D-C，累計加權為 4，d（A,E）= 5。因此，我們選擇了 A-D-C 的路徑，並將 C 添加到我們的樹中。

4. 這個過程會一直持續下去，直到做到沒有更多的節點可以添加時，並且我們就得到一個單源最短路徑。

何時應使用單源最短路徑？

當需要評估從一個固定起點到所有其他單位節點的最佳路徑時，請使用單源最短路徑。因為路徑是根據根節點開始的路徑總權重來選擇的，所以它對於找到每個節點的最佳路徑很有用，但一個路徑中並不需要訪問所有節點。

例如，SSSP 有助於幫救護車或警車找到路徑，在這種緊急服務中，您不需要事件發生時都去訪問每個地點。但是像垃圾收集這種需要訪問每個房屋一次的單　路線，就不適用。（後面這種情況，您將使用稍後會介紹的最小生成樹演算法。）

使用的情境包括：

- 偵測拓樸的改變，例如連線失效，並馬上給出新路由結構建議（*https://bit.ly/2HL7ndd*）。

- 在像區域網路（LAN）這種獨立系統中，使用 Dijkstra 當作一種 IP 繞送的協定（*https://bit.ly/2HUsAAr*）

Apache Spark 的單源最短路徑

我們可以利用之前寫的 shortest_path 函式，來計算兩個地間點的最短路徑，而不再回傳給我們從一個節點到所有其他節點的最短路徑。請注意，我們將再度使用 Spark 的 aggregateMessages framework 來自定我們的函式。

我們首先將匯入一些要用的函式庫：

```
from graphframes.lib import AggregateMessages as AM
from pyspark.sql import functions as F
```

然後，使用同一個使用者自訂函式來建構路徑：

```
add_path_udf = F.udf(lambda path, id: path + [id], ArrayType(StringType()))
```

現在來實作主要函式，這個主要函式用來計算從起始節點開始的最短路徑：

```
def sssp(g, origin, column_name="cost"):
    vertices = g.vertices \
        .withColumn("visited", F.lit(False)) \
        .withColumn("distance",
            F.when(g.vertices["id"] == origin, 0).otherwise(float("inf"))) \
        .withColumn("path", F.array())
    cached_vertices = AM.getCachedDataFrame(vertices)
    g2 = GraphFrame(cached_vertices, g.edges)
```

```
    while g2.vertices.filter('visited == False').first():
        current_node_id = g2.vertices.filter('visited == False')
                            .sort("distance").first().id
        msg_distance = AM.edge[column_name] + AM.src['distance']
        msg_path = add_path_udf(AM.src["path"], AM.src["id"])
        msg_for_dst = F.when(AM.src['id'] == current_node_id,
                        F.struct(msg_distance, msg_path))
        new_distances = g2.aggregateMessages(
            F.min(AM.msg).alias("aggMess"), sendToDst=msg_for_dst)

        new_visited_col = F.when(
            g2.vertices.visited | (g2.vertices.id == current_node_id),
                            True).otherwise(False)
        new_distance_col = F.when(new_distances["aggMess"].isNotNull() &
                            (new_distances.aggMess["col1"] <
                            g2.vertices.distance),
                            new_distances.aggMess["col1"]) \
                            .otherwise(g2.vertices.distance)
        new_path_col = F.when(new_distances["aggMess"].isNotNull() &
                        (new_distances.aggMess["col1"] <
                        g2.vertices.distance),
                        new_distances.aggMess["col2"]
                        .cast("array<string>")) \
                        .otherwise(g2.vertices.path)

        new_vertices = g2.vertices.join(new_distances, on="id",
                                    how="left_outer") \

            .drop(new_distances["id"]) \
            .withColumn("visited", new_visited_col) \
            .withColumn("newDistance", new_distance_col) \
            .withColumn("newPath", new_path_col) \
            .drop("aggMess", "distance", "path") \
            .withColumnRenamed('newDistance', 'distance') \
            .withColumnRenamed('newPath', 'path')
        cached_new_vertices = AM.getCachedDataFrame(new_vertices)
        g2 = GraphFrame(cached_new_vertices, g2.edges)

    return g2.vertices \
            .withColumn("newPath", add_path_udf("path", "id")) \
            .drop("visited", "path") \
            .withColumnRenamed("newPath", "path")
```

如果我們想找到從 Amsterdam 出發到其他城市的最短路徑，我們可以像這樣呼叫函式：

```
via_udf = F.udf(lambda path: path[1:-1], ArrayType(StringType()))

result = sssp(g, "Amsterdam", "cost")
(result
 .withColumn("via", via_udf("path"))
 .select("id", "distance", "via")
 .sort("distance")
 .show(truncate=False))
```

我們定義了另外一個使用者自定的函式，用來從得到的路徑中過濾出起始和結束節點，如果我們執行該程式碼的話，就會看到以下的產出：

id	distance	via
Amsterdam	0.0	[]
Utrecht	46.0	[]
Den Haag	59.0	[]
Gouda	81.0	[Utrecht]
Rotterdam	85.0	[Den Haag]
Hoek van Holland	86.0	[Den Haag]
Felixstowe	293.0	[Den Haag, Hoek van Holland]
Ipswich	315.0	[Den Haag, Hoek van Holland, Felixstowe]
Colchester	347.0	[Den Haag, Hoek van Holland, Felixstowe, Ipswich]
Immingham	369.0	[]
Doncaster	443.0	[Immingham]
London	453.0	[Den Haag, Hoek van Holland, Felixstowe, Ipswich, Colchester]

在這張結果表中我們可以看到，從根節點 Amsterdan 出發到圖形中其他所有城市，以最短距離排序、公里為單位的實際距離。

Neo4j 的單源最短路徑

Neo4j 的單源最短路徑是實現 SSSP 的一個變體演算法，稱為 Delta-Stepping 演算法（*https://bit.ly/2UaCHrw*），它將 Dijkstra 的演算法分為多個可平行化執行的階段。

以下的查詢會執行 Delta-Stepping 演算法：

```
MATCH (n:Place {id:"London"})
CALL algo.shortestPath.deltaStepping.stream(n, "distance", 1.0)
YIELD nodeId, distance
WHERE algo.isFinite(distance)
RETURN algo.getNodeById(nodeId).id AS destination, distance
ORDER BY distance
```

該查詢會回傳以下的輸出：

destination	distance
London	0.0
Colchester	106.0
Ipswich	138.0
Felixstowe	160.0
Doncaster	277.0
Immingham	351.0
Hoek van Holland	367.0
Den Haag	394.0
Rotterdam	400.0
Gouda	425.0
Amsterdam	453.0
Utrecht	460.0

在結果中可以看出，從根結點 London 出發到圖形中的其他城市，以最短距離排序、單位為公里的實際距離。

最小生成樹

最小（權重）生成樹演算法從一個給定的節點開始，查找其所有可到達的節點以及將節點與最小可能權重連接在一起的一組關係。它以最小的權重從任何訪問的節點遍歷到下一個未訪問的節點，避免了迴圈。

捷克科學家 Otakar Boruvka 於 1926 年開發了第一個已知的最小權重生成樹演算法。而 1957 年 Prim 發明的演算法，是最簡單和最著名的。

Prim 的演算法類似於 Dijkstra 的最短路徑演算法，但它不是最小化每個關係結束的路徑的總長度，而是單獨最小化每個關係的長度。與 Dijkstra 的演算法不同，它允許負權重關係。

最小生成樹演算法的操作如圖 4-10 所示。

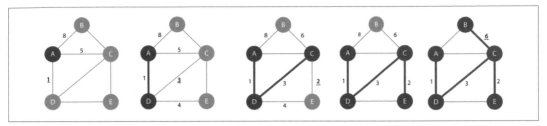

圖 4-10　最小生成樹演算法。

它的步驟如下：

1. 它以只包含一個節點的樹開始。在圖 4-10 中，我們從節點 A 開始。

2. 將選擇來自該節點的最小權重的關係並將其添加到樹（及其連接的節點）。在這種情況下，A-D。

3. 這個過程是重複的，總是選擇連接樹中任何節點的最小權重關係。如果將這裡的範例與圖 4-9 中的 SSSP 範例進行比較，您會注意到在第四個圖中，路徑會有所不同。這是因為 SSSP 根據從根開始的累計總數來計算最短路徑，而最小生成樹只考慮下一步的成本。

4. 當沒有更多要添加的節點時，樹是最小生成樹。

這個演算法還有其他的變體，這些變體用來找到最大權重生成樹（高成本樹），以及 k 生成樹（限制樹的大小）。

何時應該使用最小生成樹？

當需要訪問所有節點的最佳路徑時，請使用最小生成樹。因為路徑是根據下一步的成本來選擇的，所以當您必須在一次行走中訪問所有節點時，它非常有用。（如果您不需要用一個路徑走完全程的話，請參閱前一節，第 65 頁的「單源最短路徑」。）

您可以使用此演算法優化連接系統（如水管和電路設計）的路徑。它還用於近似一些計算時間未知的問題，如旅行商問題和某些類型的進位問題。雖然該演算法不一定總能找到絕對最優解，但是這個演算法讓一些其實很複雜，或是高密集計算的分析，變得不再那麼遙不可及。

使用情境包括：

- 最小化在一個國家做深度旅遊的旅行成本。最小生成樹在旅行規劃中的應用（*https://bit.ly/2CQBs6Q*）描述了演算法如何分析航空和海上連接來實現這一點。

- 視覺化貨幣回報之間的相關性。這在貨幣市場的最小生成樹應用程式（*https://bit.ly/2HFbGGG*）中進行了描述。

- 追蹤疫情中感染傳播的歷史。有關更多資訊，請參見使用最小生成樹模型對 C 型肝炎病毒感染醫院暴發的分子流行病學調查（*https://bit.ly/2U7SR4Y*）。

 最小生成樹演算法在只有關係擁有不同權重的圖上執行時，提供有意義的結果。如果圖沒有權重，或者所有關係都有相同的權重，那麼任何生成樹都是最小生成樹。

Neo4j 的最小生成樹

讓我們看看實際的最小生成樹演算法。以下的查詢會找出從 Amsterdam 出發的最小生成樹。

```
MATCH (n:Place {id:"Amsterdam"})
CALL algo.spanningTree.minimum("Place", "EROAD", "distance", id(n),
  {write:true, writeProperty:"MINST"})
YIELD loadMillis, computeMillis, writeMillis, effectiveNodeCount
RETURN loadMillis, computeMillis, writeMillis, effectiveNodeCount
```

傳入這個演算法的參數為：

Place

在計算生成樹時要使用的節點標籤。

EROAD

在計算生成樹時要使用的關係型態。

distance

關係的屬性，用來表示一對節點間的旅行成本。

id(n)

生成樹開始節點的內部節點 id。

這個查詢會將結果儲存起來，如果我們想要回傳的是最小權重生成樹，那麼我們要執行以下的查詢：

```
MATCH path = (n:Place {id:"Amsterdam"})-[:MINST*]-()
WITH relationships(path) AS rels
UNWIND rels AS rel
WITH DISTINCT rel AS rel
RETURN startNode(rel).id AS source, endNode(rel).id AS destination,
                           rel.distance AS cost
```

這是執行查詢得到的結果：

source	destination	cost
Amsterdam	Utrecht	46.0
Utrecht	Gouda	35.0
Gouda	Rotterdam	25.0
Rotterdam	Den Haag	26.0
Den Haag	Hoek van Holland	27.0
Hoek van Holland	Felixstowe	207.0
Felixstowe	Ipswich	22.0
Ipswich	Colchester	32.0
Colchester	London	106.0
London	Doncaster	277.0
Doncaster	Immingham	74.0

如果我們在 Amsterdam，想要用一次旅行就造訪所有其他城市的話，最短連續路徑如圖 4-11 所示。

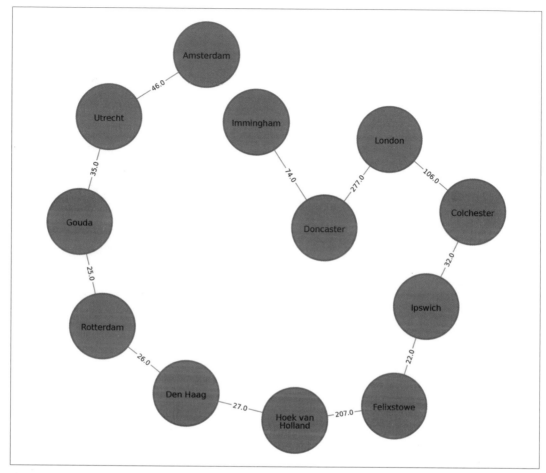

圖 4-11 阿姆斯特丹最小權重生成樹。

隨機漫步

隨機漫步演算法會提供一組節點,這些節點是從圖中一條隨機路徑上取得。Karl Pearson 在 1905 年 給《*Nature*》 雜 誌 的 一 封 題 為 *The Problem of the Random Walk*(*https:// go.nature.com/2Fy15em*)的信中首次提到了這個詞。儘管這一概念可以追溯到更遠的地方,但直到最近,隨機漫步才被應用到網路科學中。

一般來說,一次隨機漫步有時被描述為類似於醉漢如何穿越城市。他們知道他們想要到達的方向或終點,但可能會走一條非常迂迴的路線到達那裡。

該演算法從一個節點開始，在某種程度上隨機地跟隨一個關係向前或向後到相鄰節點。然後，在該節點再度執行相同的操作，依此類推，直到達到設置的路徑長度。（我們會說在某種程度上隨機，是因為一個節點與它的鄰居之間有多少關係數量會影響一個節點被遍歷的機率。）

何時應該使用隨機漫步？

當你需要生成一組隨機的連接節點時，可以將隨機漫步演算法當作其他演算法或資料管道的一部分。

使用情境包括：

- 作為 nodc2vec 和 graph2vec 演算法的建立節點嵌入部分，這些節點嵌入可以用作神經網路的輸入。

- 作為 Walktrap 和 Infomap 社群檢測的一部分，如果隨機漫步一直重複回傳一個小的節點集合的話，則表示那個節點集合可能具有社群結構。

- 作為機器學習模型訓練過程的一部分。這在 David Mack 的文章 *Review Prediction with Neo4j and TensorFlow*（*https://bit.ly/2Cx14ph*）中有進一步描述。

您可以在 N. Masuda、M. A. Porter 和 R. Lambiotte 的論文 *Random Walks and Diffusion on Networks* 中閱讀更多使用情境（*https://bit.ly/2JDvlJ0*）。

Neo4j 的隨機漫步

Neo4j 中有隨機漫步演算法的實作，這個實作支援兩種模式，這兩種模式是在演算法的每一步中，決定如何選擇下一步要跟隨哪一個關係的模式：

random

隨機選擇要跟隨的路徑。

node2vec

計算一個基於之前的鄰點的機率分佈，決定接下來要跟隨的關係。

下方查詢會執行隨機漫步：

```
MATCH (source:Place {id: "London"})
CALL algo.randomWalk.stream(id(source), 5, 1)
YIELD nodeIds
UNWIND algo.getNodesById(nodeIds) AS place
RETURN place.id AS place
```

傳給演算法的參數說明如下：

`id(source)`
我們隨機漫步起始的內部節點。

`5`
我們隨機漫步的跳躍數。

`1`
我們想要計算幾次的隨機漫步。

該查詢回傳的結果如下：

place
London
Doncaster
Immingham
Amsterdam
Utrecht
Amsterdam

在隨機漫步的每一個階段會隨機選擇一個關係，這也代表如果我們重新執行演算法，即使使用相同的參數，我們可能也不會得到相同的結果。步行也有可能返回到前一個點，如圖 4-12 所示，從 Amsterdam 到 Den Haag 再返回 Amsterdam。

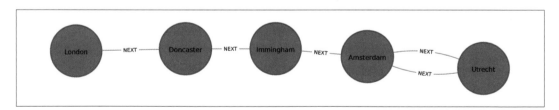

圖 4-12 從 London 開始的隨機漫步。

本章總結

尋路演算法對於理解資料的連接方式非常有用。在本章中，我們首先介紹了基本的廣度和深度優先演算法，然後再介紹 Dijkstra 和其他最短路徑演算法。我們還研究了最短路徑演算法的變體，這些演算法優化後可以找到從一個節點到所有其他節點或圖形中所有節點對之間的最短路徑。最後，我們也介紹了隨機漫步演算法，可以用它來尋找任意路徑集。

接下來我們將學習中心性演算法，它可以用來在圖中找到有影響力的節點。

演算法資源

演算法書籍有很多，但其中有一本特別傑出，因為它涵蓋了基本概念和圖形演算法：*Algorithm Design Manual*，由 StevenS.Skiena（Springer）編寫。我們強烈推薦這本教科書給那些尋求關於經典演算法和設計技術的完整資源的人，或者那些只想深入瞭解各種演算法行為的人。

## 第五章

中心性演算法

中心性演算法用於瞭解圖中特定節點的角色及該節點對所在網路的影響。它們之所以實用，是因為它們能夠識別最重要的節點，並幫助我們瞭解群體動態，例如可信度、可訪問性、事物傳播的速度以及群體之間的橋樑。儘管這些演算法中有許多是為社群網路分析而發明的，但它們已經在各種行業和領域中得到了應用。

我們將會介紹下面這些演算法：

- 分支中心性（Degree Centrality）演算法作為連接度的基礎度量值。

- 緊密中心性（Closeness Centrality）演算法用於測量一個節點對於群組來說有多中心，還會介紹它的兩個變體，可以用在不相連的群組上。

- 介數中心性（Betweenness Centrality）演算法用於尋找控制點，包括一個找近似解的變體演算法。

- PageRank 演算法用於瞭解總體影響性，包括個人在社群網路中的重要性。

 根據當初被創建來度量的目標不同，各種的中心性演算法產出的結果也有巨大的差異。當您對產出的結果不滿意時，最好檢查您所使用的演算法是否與預期目標一致。

我們將解釋這些演算法的工作原理，並在 Spark 和 Neo4j 中顯示範例。如果一個演算法在一個平台上不可用，或者兩個平台差異不大的話，我們將只提供一個平台範例。

圖 5-1 顯示了中心性演算法可以回答的問題類型，表 5-1 是每個演算法的主要功能，以及使用情境範例的快速參考。

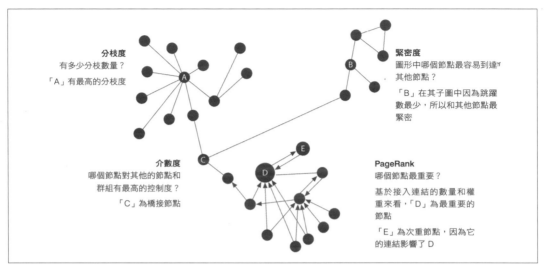

圖 5-1 具代表性的中心性演算法及其回答的問題類型。

表 5-1 中心性演算法一覽

演算法種類	功能	使用情境範例	Spark 範例	Neo4j 範例
分支度中心	測量一個節點有多少關係數量	藉由查看入分支數量，估計一個人是否受歡迎；查看出分支數量估計他的合群程度	有	無
緊密中心度 變體：Wasserman and Faust、Harmonic Centrality	計算哪個節點到其他所有節點的路徑最短	為達到最大的使用效率，用於找到新大眾服務最佳的地理位置	有	有
介數中心度 變體：Randomized-Approximate Brandes	測量經過一個節點的最短路徑有幾條	利用尋找特定疾病的控制基因，來提高藥物靶向性	無	有
PageRank 變體：Personalized PageRank	從一個節點所連接的鄰點以及該鄰點的鄰點，來測量該節點的重要性（由 Google 推廣的演算法）	找出機器學習中最具影響力的特徵，並為自然語言處理中實體相關性，進行文字排序	有	有

有幾種中心性演算法計算每對節點之間的最短路徑，這在碰到中小型圖時沒問題，但是對於大型圖來說，計算量上就變無法負擔了。為了避免大型圖上的執行時間太長，一些演算法（例如，介數中心性）有近似解的版本。

首先，我們介紹範例要用的資料集，然後將資料導入 ApacheSpark 和 Neo4j。按表 5-1 所列的順序介紹各種演算法。我們在開始時都會對演算法作簡短描述，並在有必要時提供有關它如何操作的資訊。對於已經介紹過的演算法的變體，就會減少一些細節說明。大多數章節還會說明何時使用相關演算法。我們在每個部分結束時，都會使用範例資料集演示範例程式碼。

我們開始吧！

範例圖形資料：社群圖

中心性演算法可以用在所有圖形上，社群網路更適合觀察動態影響和資訊流。本章中的例子是在一個類似 Twitter 的小圖形上執行的。您可以從本書的 Github repository（*https://bit.ly/2FPgGVV*）下載我們將用來建立圖形的節點和關係檔案。

表 5-2 social-nodes.csv

id
Alice
Bridget
Charles
Doug
Mark
Michael
David
Amy
James

表 5-3 social-relationships.csv

src	dst	relationship
Alice	Bridget	FOLLOWS
Alice	Charles	FOLLOWS
Mark	Doug	FOLLOWS
Bridget	Michael	FOLLOWS
Doug	Mark	FOLLOWS
Michael	Alice	FOLLOWS
Alice	Michael	FOLLOWS
Bridget	Alice	FOLLOWS
Michael	Bridget	FOLLOWS
Charles	Doug	FOLLOWS
Bridget	Doug	FOLLOWS
Michael	Doug	FOLLOWS
Alice	Doug	FOLLOWS
Mark	Alice	FOLLOWS
David	Amy	FOLLOWS
James	David	FOLLOWS

圖 5-2 展示了我們想建構的圖形。

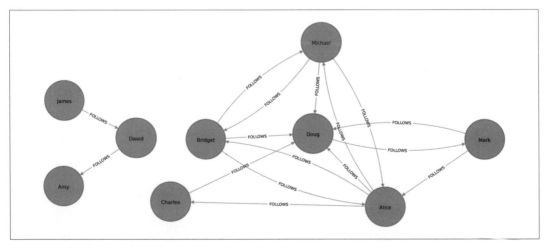

圖 5-2 圖形模型。

我們有一個比較大的使用者集合，集合中節點互相之間有連接，這個小的集合與較大的使用者群組之間沒有連接。

讓我們基於這些 CSV 檔的內容在 Spark 和 Neo4j 中創建圖形。

匯入資料到 Apache Spark

首先，我們將從 Spark 和 GraphFrames 套件中，匯入我們需要的套件：

```
from graphframes import *
from pyspark import SparkContext
```

我們叮以編寫以下的程式碼，根據 CSV 檔案的內容，來建立一個 GraphFrame：

```
v = spark.read.csv("data/social-nodes.csv", header=True)
e = spark.read.csv("data/social-relationships.csv", header=True)
g = GraphFrame(v, e)
```

匯入資料到 Neo4j

榜著，我們要將資料載入到 Neo4j 中，下面的查詢可以匯入節點：

```
WITH "https://github.com/neo4j-graph-analytics/book/raw/master/data/" AS base
WITH base + "social-nodes.csv" AS uri
LOAD CSV WITH HEADERS FROM uri AS row
MERGE (:User {id: row.id})
```

而下面的這個查詢可以匯入關係：

```
WITH "https://github.com/neo4j-graph-analytics/book/raw/master/data/" AS base
WITH base + "social-relationships.csv" AS uri
LOAD CSV WITH HEADERS FROM uri AS row
MATCH (source:User {id: row.src})
MATCH (destination:User {id: row.dst})
MERGE (source)-[:FOLLOWS]->(destination)
```

現在我們的圖形匯入完成了，讓我們進入到演算法的部分吧！

分支中心性

分支中心性（Degree Centrality）是我們將在本書中討論的最簡單的一種演算法。它計算節點的入關係和出關係的數量，並用於在圖中查找熱門的節點。Linton C.Freeman 在其 1979 年的論文 *Centrality in Social Networks: Conceptual Clarification*（*http://bit.ly/2uAGOih*）中提出了分支中心性。

訪問節點

瞭解一個節點的可到達範圍是衡量重要性的一個公平標準。它現在能接觸到多少個其他節點？一個節點的*分枝數*代表它擁有多少直接關係的節點，計算的是入分支數和出分支數。您可以將其視為節點的直接到達的節點數。例如，一個在活躍的社交網路中擁有高分支數量的人會有很多直接的接觸節點，並且更可能在他們的網路中傳播感冒。

網路的*平均分支度*（*average degree*）只是將關係總數除以節點總數；這個數值會受到高分支度節點嚴重地影響。*分支度分佈*（*degree distribution*）代表是若隨機選出一個節點，它具有某個數量關係的機率。

圖 5-3 說明 Reddit 文章主題之間連接的實際分佈的差異。如果你簡單地取平均值，你會假設大多數主題有 10 個連接，而實際上大多數主題只有 2 個連接。

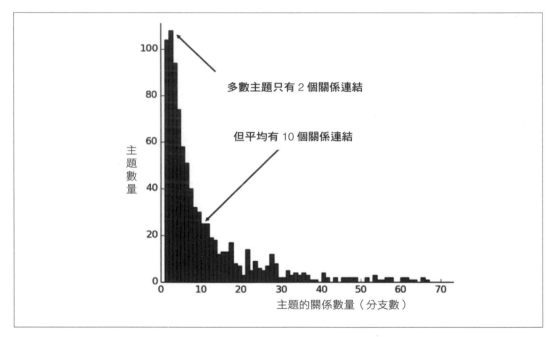

圖 5-3 Jacob Silterrapa（*http://bit.ly/2WlNaOc*）繪製 Reddit 文章主題的分支分布圖，說明分支平均值通常無法反應網路中的實際分支分佈。CC BY-SA 3.0。

這些測量用於對網路類型進行分類，如第 2 章中討論的無標度或小世界網路。它們還提供了一個快速的測量方法，用來估計事物在網路中傳播或波動的可能性。

何時應該使用分支中心性？

如果您試圖透過查看入分支和出分支的數量來分析影響，或者找到單個節點的「受歡迎程度」，請使用分支中心性。當你關心的是直接連通性或近期可能性時，它的表現會很好。然而，當您想要評估整個圖形的最小分支、最大分支、平均分支和標準差時，分支中心性也適用於全域分析。

範例包括：

* 透過關係識別影響力強大的個體，例如社群網路中的人際關係。例如，在 BrandWatch 的 *Most Influential Men and Women on Twitter 2017*（*https://bit. ly/2WnB2fK*）中，每個類別的前 5 名都有超過 4000 萬名追隨者。

* 區分詐欺者與線上拍賣網站的合法使用者，由於同謀的目的是人為提高價格，所以詐欺者的加權中心性往往顯著地較高。請閱讀 P. Bangcharoensap 等人的論文 *Two Step Graph-Based Semi-Supervised Learning for Online Auction Fraud Detection*（*https://bit.ly/2YlaLAq*）。

Apache Spark 的分支中心性

現在我們將使用以下程式碼執行分支中心性演算法：

```
total_degree = g.degrees
in_degree = g.inDegrees
out_degree = g.outDegrees

(total_degree.join(in_degree, "id", how="left")
 .join(out_degree, "id", how="left")
 .fillna(0)
 .sort("inDegree", ascending=False)
 .show())
```

首先我們計算全部分支、入分支以及出分支的數量，然後我們將這些 DataFrame 連接在一起，使用 left join 來保留沒有入或出分支的節點。如果節點沒有分支，則使用 `fillna` 函數將該值設置為 `0`。

下面是在 pyspark 中執行程式碼的結果：

id	degree	inDegree	outDegree
Doug	6	5	1
Alice	7	3	4
Michael	5	2	3
Bridget	5	2	3
Charles	2	1	1
Mark	3	1	2
David	2	1	1
Amy	1	1	0
James	1	0	1

我們可以在圖 5-4 中看到，Doug 是我們 Twitter 圖形中最受歡迎的使用者，他有五個追隨者（入分支）。圖中該部分的所有其他使用者都關注他，而他只關注一個人而已。在真實的 Twitter 網路中，名人有很高的追隨者數量，但往往很少關注其他人，因此我們可以認為道格是名人！

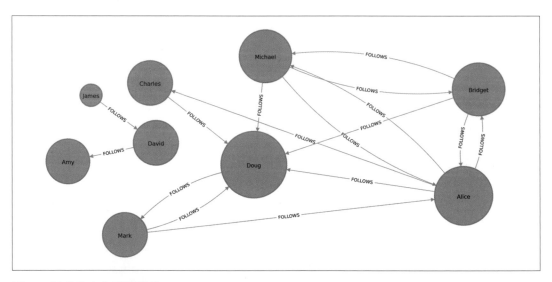

圖 5-4 將分支中心性視覺化。

如果我們建立一個顯示受關注最多使用者的頁面，或者提出使用者關注誰的建議，我們可以使用此演算法來識別這些使用者。

有些資料可能含有一些很密集的節點，這些節點擁大量的關係，但同時這些節點沒有提供什麼相關資訊，只會扭曲一些結果或增加計算複雜性。您可使用子圖過濾掉這些節點，或者使用投影將關係數加總為權重。

緊密中心性

緊密中心性（Closeness Centrality）是一種節點偵測方法，偵測出來的節點能夠在子圖形有效率地傳播資訊。

偵測節點的中心性，是利用它與所有其他節點的平均距離（距離反比）。擁有最高緊密度的節點，與所有其他節點的距離最短。

對於每個節點，緊密中心性演算法會計算它對所有節點之間的最短路徑，加總該節點到所有其他節點的最短路徑，然後將得到的和取倒數，作為該節點的緊密中心性得分。

節點的緊密中心性是使用以下公式計算的：

$$C(u) = \frac{1}{\sum_{v=1}^{n-1} d(u,v)}$$

其中：

- u 是節點。
- n 是圖中的節點數。
- $d(u,v)$ 是另一個節點 v 和 u 之間的最短路徑距離。

更常見的做法是將分數標準化，使其代表最短路徑的平均長度，而不是它們的總和。調整後就可以在不同大小圖形中比較節點的緊密中心性。

標準化緊密中心性的計算公式如下：

$$C_{norm}(u) = \frac{n-1}{\sum_{v=1}^{n-1} d(u,v)}$$

何時應該使用緊密中心性？

當你需要知道哪個節點傳播的東西最快時，應用緊密中心性。使用加權關係可以特別有助於溝通和行為分析中的互動速度。

範例用例包括：

- 發現處於非常有利位置的個人，以控制和獲取組織內的重要資訊和資源。其中一項研究是 V. E. Krebs 的 *Mapping Networks of Terrorist Cells*（*http://bit. ly/2WjFdsM*）。

- 用於估計電信和包裹交付中到達時間的一種啟發式方法，讓內容透過最短路徑流向預先定義的目標。它還被用來說明透過所有最短路徑同時傳播的情況，例如區聚傳播的感染。更多詳細資訊請到 S. P. Borgatti 的 *Centrality and Network Flow*（*http:// bit.ly/2Op5bbH*）中察看。

- 利用圖形的關鍵字提取流程，用來評估文件中單詞的重要性。這一過程由 F. Boudin 在 *A Compari son of Centrality Measures for Graph-Based Keyphrase Extraction*（*https://bit.ly/2WkDByX*）中描述。

 在連通性的圖形上才能計算緊密中心性，當原公式應用於一個不連通圖形時，兩個節點之間的距離是無限的，兩個節點之間沒有路徑。這意味著，當我們總結出所有到那個節點的距離時，我們將得到一個無限的緊密中心度分數。為了避免這個問題，在下一個範例之後將顯示原始公式的變體。

Apache Spark 的緊密中心性

Apache Spark 沒有用於緊密中心性的內建演算法，但是我們可以使用上一章第 54 頁的「Apache Spark 的最短路徑（加權）」中引入的 aggregateMessages 框架編寫自己的演算法。

在我們建立自己的函式之前，需先匯入要使用的一些函式庫：

```
from graphframes.lib import AggregateMessages as AM
from pyspark.sql import functions as F
from pyspark.sql.types import *
from operator import itemgetter
```

接下來建立幾個使用者定義函式，我們之後會用到：

```
def collect_paths(paths):
    return F.collect_set(paths)

collect_paths_udf = F.udf(collect_paths, ArrayType(StringType()))

paths_type = ArrayType(
    StructType([StructField("id", StringType()), StructField("distance",

def flatten(ids):
    flat_list = [item for sublist in ids for item in sublist]
    return list(dict(sorted(flat_list, key=itemgetter(0))).items())

flatten_udf = F.udf(flatten, paths_type)

def new_paths(paths, id):
    paths = [{"id": col1, "distance": col2 + 1} for col1,
                        col2 in paths if col1 != id]
    paths.append({"id": id, "distance": 1})
    return paths

new_paths_udf = F.udf(new_paths, paths_type)

def merge_paths(ids, new_ids, id):
    joined_ids = ids + (new_ids if new_ids else [])
    merged_ids = [(col1, col2) for col1, col2 in joined_ids if col1 != id]
    best_ids = dict(sorted(merged_ids, key=itemgetter(1), reverse=True))
    return [{"id": col1, "distance": col2} for col1, col2 in best_ids.items()]

merge_paths_udf = F.udf(merge_paths, paths_type)

def calculate_closeness(ids):
    nodes = len(ids)
    total_distance = sum([col2 for col1, col2 in ids])
    return 0 if total_distance == 0 else nodes * 1.0 / total_distance

closeness_udf = F.udf(calculate_closeness, DoubleType())
```

然後撰寫主要程式，用來計算每個節點的緊密中心性：

```
vertices = g.vertices.withColumn("ids", F.array())
cached_vertices = AM.getCachedDataFrame(vertices)
g2 = GraphFrame(cached_vertices, g.edges)

for i in range(0, g2.vertices.count()):
    msg_dst = new_paths_udf(AM.src["ids"], AM.src["id"])
```

```
    msg_src = new_paths_udf(AM.dst["ids"], AM.dst["id"])
    agg = g2.aggregateMessages(F.collect_set(AM.msg).alias("agg"),
                                sendToSrc=msg_src, sendToDst=msg_dst)
    res = agg.withColumn("newIds", flatten_udf("agg")).drop("agg")
    new_vertices = (g2.vertices.join(res, on="id", how="left_outer")
                    .withColumn("mergedIds", merge_paths_udf("ids", "newIds",
                    "id")).drop("ids", "newIds")
                    .withColumnRenamed("mergedIds", "ids"))
    cached_new_vertices = AM.getCachedDataFrame(new_vertices)
    g2 = GraphFrame(cached_new_vertices, g2.edges)


(g2.vertices
 .withColumn("closeness", closeness_udf("ids"))
 .sort("closeness", ascending=False)
 .show(truncate=False))
```

如果我們執行程式的話，將會看到以下輸出：

id	ids	closeness
Doug	[[Charles, 1], [Mark, 1], [Alice, 1], [Bridget, 1], [Michael, 1]]	1.0
Alice	[[Charles, 1], [Mark, 1], [Bridget, 1], [Doug, 1], [Michael, 1]]	1.0
David	[[James, 1], [Amy, 1]]	1.0
Bridget	[[Charles, 2], [Mark, 2], [Alice, 1], [Doug, 1], [Michael, 1]]	0.7142857142857143
Michael	[[Charles, 2], [Mark, 2], [Alice, 1], [Doug, 1], [Bridget, 1]]	0.7142857142857143
James	[[Amy, 2], [David, 1]]	0.6666666666666666
Amy	[[James, 2], [David, 1]]	0.6666666666666666
Mark	[[Bridget, 2], [Charles, 2], [Michael, 2], [Doug, 1], [Alice, 1]]	0.625
Charles	[[Bridget, 2], [Mark, 2], [Michael, 2], [Doug, 1], [Alice, 1]]	0.625

Alice、Doug 和 David 是圖中連接最緊密的節點，得分為 1.0，這意味著在圖中它們所在部分，每個節點都直接連接到它們。圖 5-5 說明，儘管 David 只有少數幾個關係，但在他的朋友圈中，卻是個重要人物。換句話說，這個分數表示每個使用者與其身處子圖中的其他使用者之間的親密程度，而不是整個圖。

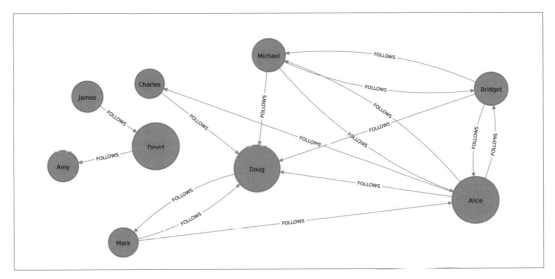

圖 5-5 將緊密中心性做視覺化。

Neo4J 的緊密中心性

Neo4j 緊密中心性實作，使用以下公式：

$$C(u) = \frac{n-1}{\sum_{v=1}^{n-1} d(u,v)}$$

其中：

- u 是一個節點。

- n 是與 u 位於同一元件（子圖或群組）中的節點數。

- $d(u,v)$ 是節點 v 和 u 之間的最短路徑距離。

呼叫下面的程式將會為每個圖形中的節點計算緊密中心度：

```
CALL algo.closeness.stream("User", "FOLLOWS")
YIELD nodeId, centrality
RETURN algo.getNodeById(nodeId).id, centrality
ORDER BY centrality DESC
```

執行以上的程序將會得到下面的結果：

user	centrality
Alice	1.0
Doug	1.0
David	1.0
Bridget	0.7142857142857143
Michael	0.7142857142857143
Amy	0.6666666666666666
James	0.6666666666666666
Charles	0.625
Mark	0.625

和我們用 Spark 中的演算法得到的結果一致,也和前面一樣,分數只代表它們所身處子圖中的緊密度,不代表在全圖中的緊密度。

 在對緊密中心性演算法的嚴格解釋中,圖中的所有節點得到的分數都會是 ∞,這是因為每個節點至少有一個它無法到達的其他節點。所以,應該將每個元件分開實作。

理想情況下,我們希望得到在整張圖形中的緊密中心性評分,為了要實現這一點,所以在接下來的兩個部分中,我們將學習緊密中心性演算法的一些變體。

緊密中心性變體:Wasserman and Faust

Stanley Wasserman 和 Katherine Faust 提出了一個改進的公式,就算圖形中具有多個子圖形且這些子圖形之間沒有連結,也可以計算在此圖形中的緊密性。在他們的書 *Social Network Analysis: Methods and Applications* 中詳細介紹了他們的公式。此公式的結果是在一個群組中可到達節點數與可到達節點平均距離的比值。

公式如下:

$$C_{WF}(u) = \frac{n-1}{N-1}\left(\frac{n-1}{\sum_{v=1}^{n-1} d(u,v)}\right)$$

其中:

- u 為節點。

- *N* 是節點總數。

- *n* 是與 *u* 相同元件中的節點數。

- *d(u,v)* 是節點 *v* 和 *u* 之間的最短路徑距離。

我們可以透過傳遞參數 `improved:true` 來指定緊密中心性程式使用這個公式。

下面的查詢指定使用 Wasserman and Faust 的公式，執行緊密中心性演算法：

```
CALL algo.closeness.stream("User", "FOLLOWS", {improved: true})
YIELD nodeId, centrality
RETURN algo.getNodeById(nodeId).id AS user, centrality
ORDER BY centrality DESC
```

上面的程式得到的結果如下：

user	centrality
Alice	0.5
Doug	0.5
Bridget	0.35714285714285715
Michael	0.35714285714285715
Charles	0.3125
Mark	0.3125
David	0.125
Amy	0.08333333333333333
James	0.08333333333333333

如圖 5-6 所示，現在的結果更能代表節點在整張圖形中的緊密程度。較小子圖形的成員（David、Amy 和 James）的得分已經降低，現在他們在所有使用者中得分最低。這是很合理的，因為他們是最孤立的節點。這個公式更適合檢測一個節點在整個圖形中的重要性，而不是檢測節點身處子圖形中的重要性。

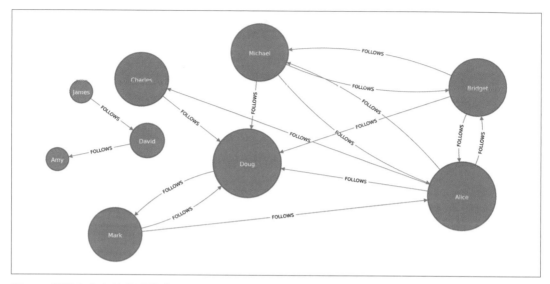

圖 5-6 將緊密中心性做視覺化。

在下一節中,我們將學習調和中心性演算法,它使用另一個公式計算緊密度,從而獲得類似的結果。

緊密中心性變體:調和中心性

調和中心性(Harmonic Centrality,也稱為價值中心性 Valued Centrality)是緊密中心性的一種變體,它也是為了解決未連接的圖形問題而被發明。在 *Harmony in a Small World*(*https://bit.ly/2HSkTef*)中,M. Marchiori 和 V. Latora 提出了這個概念,是一種實用的平均最短路徑表示方法。

在計算每個節點的緊密性得分時,這個演算法不是求一個節點到所有其他節點的距離之和,而是求這些距離的倒數,這意味著無窮大的值變得無關緊要。

使用以下公式計算節點的原始調和中心性:

$$H(u) = \sum_{v=1}^{n-1} \frac{1}{d(u, v)}$$

其中:

- u 是節點。

- *n* 是圖中的節點數。

- *d(u,v)* 是節點 *v* 和 *u* 之間的最短路徑距離。

與緊密中心性一樣，我們也可以用以下公式計算標準化調和中心性：

$$H_{norm}(u) = \frac{\sum_{v=1}^{n-1} \frac{1}{d(u,v)}}{n-1}$$

這個公式中把 ∞ 數值處理得很好。

Neo4j 的調和中心性

下面的查詢會執行調和中心性演算法：

```
CALL algo.closeness.harmonic.stream("User", "FOLLOWS")
YIELD nodeId, centrality
RETURN algo.getNodeById(nodeId).id AS user, centrality
ORDER BY centrality DESC
```

執行此查詢會得到如下的結果：

user	centrality
Alice	0.625
Doug	0.625
Bridget	0.5
Michael	0.5
Charles	0.4375
Mark	0.4375
David	0.25
Amy	0.1875
James	0.1875

該演算法與原緊密中心性演算法的結果有所不同，但與 Wasserman and Faust 的改進結果相似，這兩種演算法都可以用於處理包含多個連接元件的圖形。

介數中心性

有時候一個系統中最重要的齒輪，並不是擁有最大權利或地位的那個，有時候，是把各個群組連結起來的中間人，或是控制資源或訊息流的中間人。介數中心性（Betweenness

Centrality）是一種檢測節點對圖中資訊或資源流的影響程度的方法，它通常用於找出充當從圖的一部分到另一部分的橋樑的節點。

介數中心性演算法首先計算連接圖中每對節點之間的最短（加權）路徑。每個節點都會根據這些通過該節點的最短路徑的數量得到一個評分，通過該節點的路徑越短，其得分越高。

當林頓・C・弗裡曼 (Linton C. Freeman) 在 1971 年的論文 *A Set of Measures of Centrality Based on Betweenness*（*http://moreno.ss.uci.edu/23.pdf*）中引入介數中心性時，介數中心性被認為是「三個不同的直覺中心性概念」之一。

橋樑和控制點

一個網路中的橋樑可以是節點或關係。在一個非常簡單的圖中，您可以透過查找節點或關係來找到它們，如果刪除這些節點或關係，將導致圖的一部分斷開連接。然而，這種做法由於在常見的圖形中不實際，所以我們使用了介數中心性演算法。我們也可以透過將一個群組視為一個節點來度量一個群組的中心性。

如果一個節點位於另外兩個節點的*每一條*最短路徑上，則它被認為是其他兩個節點的*關鍵節點*（*pivotal*），如圖 5-7 所示。

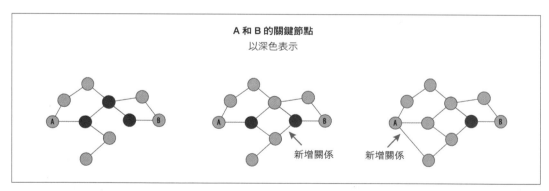

圖 5-7 關鍵節點位於兩個節點之間的每一條最短路徑上，創建更短的路徑可以減少關鍵節點的數量，以用於風險降低等用途。

關鍵節點在連接其他節點時起了重要作用——如果刪除關鍵節點，則原始節點對的新最短路徑將更長或更昂貴，這可以作為評估單一節點脆弱性點的一個考慮因素。

計算介數中心性

透過下面的公式，將所有最短路徑的計算結果相加，計算出節點的介數中心性：

$$B(u) = \sum_{s \ne u \ne t} \frac{p(u)}{p}$$

其中：

- *u* 是節點。

- *p* 是節點 *s* 和 *t* 之間最短路徑的總數。

- *p(u)* 是通過節點 *u* 的節點 *s* 和 *t* 之間的最短路徑數。

圖 5-8 說明了計算介數中心性的步驟。

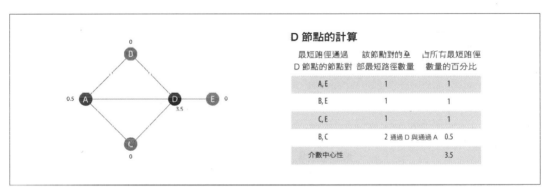

圖 5-8 計算介數中心性的基本概念。

步驟如下：

1. 對於每個節點，找到所有通過它的最短路徑。

   a. B、C、E 沒有最短路徑，所以指定值為 0。

2. 對於步驟 1 中的每個最短路徑，計算其在該對可能最短路徑總數中的百分比。

3. 將步驟 2 中的所有值相加，以找到節點的介數中心性得分。圖 5-8 中的表格說明了節點 D 的步驟 2 和 3。

4. 對每個節點重複這個流程。

何時該使用介數中心性？

介數中心性適用於現實網路中的各種問題，我們使用它來發現瓶頸、控制點和漏洞。

範例用例包括：

- 識別不同組織中的影響者。有影響力的人不一定是擔任管理職務的人，也可能利用中間的中心地位在「經紀人」這類職務上找到他。消除這些有影響力的人會嚴重破壞組織的穩定，如果該組織是犯罪組織，執法部門可能會樂見這樣的破壞；如果企業失去了被低估的關鍵員工，這可能是一場災難。更多詳情請參見 C. Morselli 和 J. Roy 的 *Brokerage Qualifications in Ringing Operations*（*https://bit.ly/2WKKPg0*）。

- 揭示網路中的關鍵轉移點，例如電網。與直覺相反，移除特定橋樑實際上可以透過「孤島干擾」提高整體強健性。研究細節請參考 R. Sol 等人所著的 *Robustness of the European Power Grids Under Intentional Attack*（*https://bit.ly/2Wtqyvp*）。

- 利用目標影響者推薦引擎，幫助微型部落格使用者在 Twitter 上傳播他們的影響力。S. Wu 等人在一篇論文 *Making Recommendations in a Microblog to Improve the Impact of a Focal User*（*https://bit.ly/2Ft58aN*）中描述了這種方法。

> 介數中心性假設節點之間的所有通信都是沿著最短路徑以相同的頻率進行的，但現實生活中並不總是如此。因此，它並沒有給我們一個完美的視角，去檢視圖中最有影響力的節點，而只是一個很好的表示方法。Mark Newman 在 *Networks: An Introduction*（*http://bit.ly/2UaM9v0*）的第 186 頁更詳細地解釋了這一點（牛津大學出版社）。

Neo4j 的介數中心性

Spark 沒有內建的介數中心性演算法，因此我們將使用 Neo4j 展示此演算法。以下的程式將會計算我們圖形中每個節點的介數中心性：

```
CALL algo.betweenness.stream("User", "FOLLOWS")
YIELD nodeId, centrality
RETURN algo.getNodeById(nodeId).id AS user, centrality
ORDER BY centrality DESC
```

執行剛才的程式，得到結果如下：

user	centrality
Alice	10.0
Doug	7.0
Mark	7.0
David	1.0
Bridget	0.0
Charles	0.0
Michael	0.0
Amy	0.0
James	0.0

如圖 5-9 中所顯示，雖然 Alice 是這張網路圖中的主要中間人，但 Mark 和 Doug 緊跟在後。在較小的子圖形中，所有最短路徑都經過 David，因此他對於這些節點之間的資訊流很重要。

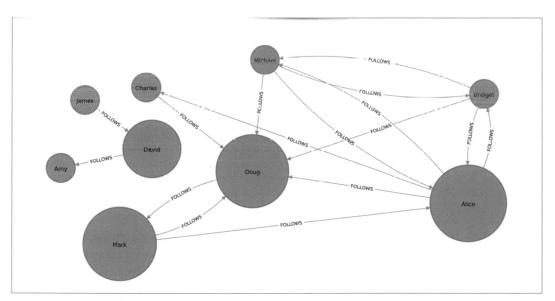

圖 5-9 將介數中心性結果做視覺化。

對於較大的圖形來說，計算精確的中心性實在是一件太過奢求的事。已知最快能精確計算所有節點中間數的演算法，其執行時間與節點數和關係數的乘積成正比。

我們可能希望先取出目標子圖形，或者使用一種能處理節點子集合的演算法（在下一節中描述）。

我們加入一個名為 Jason 的新使用者，將現有兩個不連接的元件合併成一個：

```
WITH ["James", "Michael", "Alice", "Doug", "Amy"] AS existingUsers

MATCH (existing:User) WHERE existing.id IN existingUsers
MERGE (newUser:User {id: "Jason"})

MERGE (newUser)<-[:FOLLOWS]-(existing)
MERGE (newUser)-[:FOLLOWS]->(existing)
```

此時再度執行該演算法的話，會得到結果如下：

user	centrality
Jason	44.33333333333333
Doug	18.333333333333332
Alice	16.666666666666664
Amy	8.0
James	8.0
Michael	4.0
Mark	2.1666666666666665
David	0.5
Bridget	0.0
Charles	0.0

由於兩群使用者間必須靠 Jason 溝通，所以他的得分最高。可以說 Jason 是兩組使用者之間的局部橋樑（*local bridge*），如圖 5-10 所示。

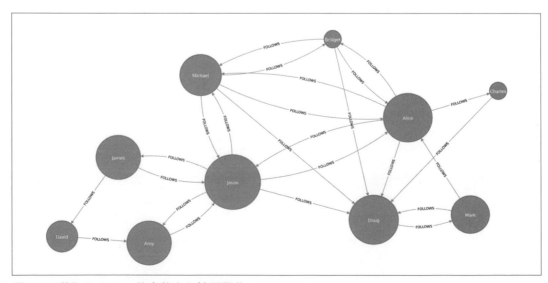

圖 5-10 將加入 Jason 的介數中心性視覺化。

在我們繼續下一節之前,讓我們透過刪除 Jason 和他的關係以重置我們的圖表:

```
MATCH (user:User {id: "Jason"})
DETACH DELETE user
```

介數中心性變體:Randomized-Approximate Brandes

還記得在大型圖表中,計算精確的介數中心性代價可能非常高昂吧!因此,我們可以選擇使用執行速度更快但仍然提供有用(儘管不精確)資訊的近似解演算法。

Randomized-Approximate Brandes(簡稱 RA-Brandes)演算法是為計算介數中心性提供近似解的最著名演算法。RA-Brandes 演算法不計算所有節點對之間的最短路徑,只考慮節點的一個子集。選擇節點子集的兩種常見策略是:

隨機

預先定義 個選取的機率,節點被均勻,隨機地選擇。預設機率為:$\frac{log10(N)}{e^2}$。如果設定機率為 1,則該演算法的工作方式與正常的中間值中心性演算法相同,也就是載入所有節點。

分支

節點是隨機被選取,但是那些分枝數量低於平均值的節點會被自動排除(即只有具有大量關係的節點才有機會被訪問)。

若要進一步的優化,您可以限制最短路徑演算法使用的深度,然後該演算法將提供所有最短路徑的子集。

Neo4j 中介數中心性的近似解

下面的查詢會使用隨機選取來執行 RA-Brandes 演算法:

```
CALL algo.betweenness.sampled.stream("User", "FOLLOWS", {strategy:"degree"})
YIELD nodeId, centrality
RETURN algo.getNodeById(nodeId).id AS user, centrality
ORDER BY centrality DESC
```

執行程式會得到以下的結果:

uer	centrality
Alice	9.0
Mark	9.0
Doug	4.5
David	2.25
Bridget	0.0
Charles	0.0
Michael	0.0
Amy	0.0
James	0.0

雖然 Mark 現在的排名比 Doug 高,但我們影響力前幾名的人物還是和以前差不多。

由於此演算法的天生隨機性,所以每次執行它時,我們可能會看到不同的結果。在較大的圖形中,這種隨機性的影響,比小樣本圖形的影響要小一些。

PageRank

PageRank 是最著名的中心性演算法。它測量節點的傳遞(或方向)影響力。我們討論的所有其他中心性演算法都是測量節點的直接影響,而 PageRank 則考慮節點對鄰居及對鄰居的鄰居的影響力。例如,和擁有一堆不那麼強大的朋友相比,擁有一些非常強大影響力的朋友能讓你更有影響力。PageRank 可以迭代地將一個節點的 rank 值分配在其相鄰節點上,或者隨機遍歷圖,並以在遍歷過程中每個節點的命中頻率來計算。

PageRank 是以 Google 創始人之一 Larry Page 的名字命名的,Larry Page 創建該值的初衷是為了將谷歌搜尋出來的網站進行排名。他的基本假設是,一個有較多傳入連結和更具影響力的傳入連結的頁面更有可能是有價質的來源。PageRank 衡量一個節點的傳入關係的數量和品質,以確定該節點的重要性。在網路中具有更大影響力的節點,就是擁有較多來自其他有影響力節點的傳入關係。

影響力

事實上,影響力背後的概念是,在相同的連接數下,相較於與不重要節點連結,與重要的節點連接能帶來更多影響力。測量影響力通常涉及評分節點的行為,這種評分通常帶有加權關係,然後在許多次迭代中更新評分。有時會計算所有節點的評分,有時只隨機選取節點,作為代表性的分布。

請記住，中心性測量表示節點的重要性，是相對於其他節點的重要
性。中心性是節點潛在影響的排名，而不是對實際影響的測量值。例
如，您可以認定某兩個人在一個網路中具有最高的中心性，但也許因
為政策或文化規範正在發揮作用，所以實際上將影響力轉移到其他人
身上。量化實際影響性是一個活躍的研究領域，這個研究領域制定了
更多的影響指標。

PageRank 公式

PageRank 在最初的 Google 論文中定義如下：

$$PR(u) = (1 - d) + d\left(\frac{PR(T1)}{C(T1)} + \ldots + \frac{PR(Tn)}{C(Tn)}\right)$$

其中：

- 我們假設一個頁面 u 引用了從 $T1$ 到 Tn 的內容。

- d 是一個阻尼因數，設定在 0 和 1 之間。通常設置為 0.85。您可以將其視為使用者
  按下連結的可能性。這有助於最小化 rank sink，這一點在下一節中會有解釋。

- $1-d$ 是不跟隨任何關係，直接到達節點的機率。

- $C(Tn)$ 定義為節點 T 的外分支數。

圖 5-11 中有一個小例子，說明 PageRank 將如何繼續更新節點的 rank 值，直到它收斂或
滿足所設置的迭代次數。

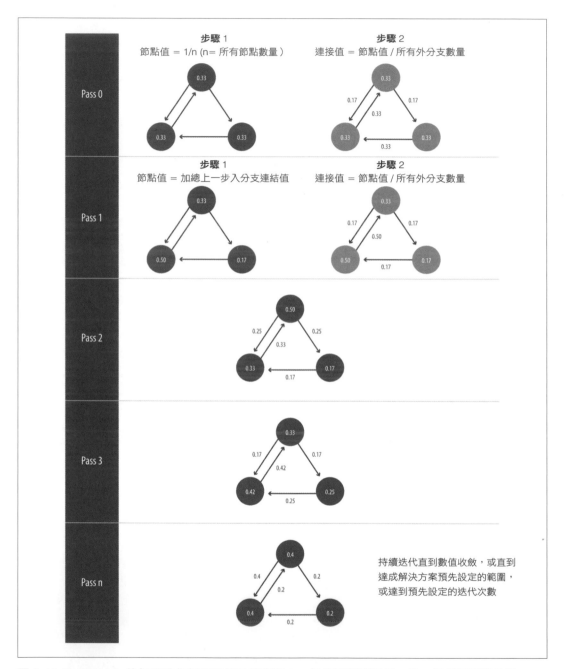

圖 5-11 PageRank 的每次迭代都有兩個計算步驟:一個是更新節點值,另一個是更新連接值。

迭代、隨機瀏覽者和 Rank Sink

PageRank 是一種迭代演算法，這種演算法會執行到分數收斂或達到設定的迭代次數為止。

從概念上來說，PageRank 假設有一個網頁瀏覽者透過連結或使用隨機的 URL 訪問網頁。阻尼因數 d 定義下一次點擊是透過連結的機率。你可以把它看作是一種機率，表示瀏覽者覺得無趣了，然後隨機切換到其他頁面的機率。PageRank 的分數表示一個頁面是透過傳入連結訪問，而非隨機訪問的可能性。

沒有出分支的節點或節點群組（也稱為懸空節點（*dangling node*））是透過拒絕分享來獨佔 PageRank 分數。這就是所謂的 *rank sink*。你可以把這想像成一個瀏覽者被困在一個頁面或由頁面組成一個子集合中，沒有出路。另一個困難情境是，在同一個群組中的節點只互相指來指去，當瀏覽者在節點之間來回跳躍時，循環參考會導致其 rank 值上升，這些情況如圖 5-12 所示。

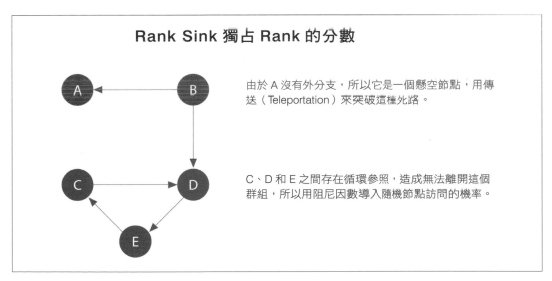

圖 5-12 rank sink 是由一個或是一組沒有出分支關係的節點造成。

有兩種策略可以避免 rank sink。第一種是當到達沒有出分支關係的節點時，PageRank 假定了一種可到達所有節點的出分支關係。穿越這些看不見的連結有時被稱為傳送（*teleportation*）。第二，透過引入直接連結與隨機節點訪問的機率，阻尼因數提供了另一個避免 rank sink 的機會。當您將 d 設置為 0.85 時，會有 15% 的機會訪問完全隨機的節點。

雖然最初的公式建議阻尼因數為 0.85，但其最初的用途是在全球資訊網（World Wide Web）上，而在全球資訊網上的連結呈冪律分佈（大多數頁面只有很少的連結，少數頁面有很多）。降低阻尼因數會因為更容易進行隨機跳躍，所以較難遵循長關係路徑。如果增加阻尼因數的話，則會增加直接前鄰節點對一個節點的分數和排名的貢獻。

如果您對 PageRank 出來的結果感到意外，那麼值得對該圖進行一些探索性分析，以確定前述問題是否有可能是肇因。請閱讀 Ian Rogers 的文章 *The Google PageRank Algorithm and How It Works*（*http://bit.ly/2TYSaeQ*）瞭解更多資訊。

何時應該使用 PageRank ？

現在 PageRank 除了用在網頁索引之外，也用在許多領域。只要你想在一個網路上找到廣泛的影響力時，就使用這個演算法。例如，如果你想尋找一個對生物機能影響最大的基因，答案可能不是連接性最好的基因。事實上，它可能是與其他更重要機能關係最密切的基因。

範例包括：

- 向使用者提供他們可能希望關注的其他帳戶的推薦（Twitter 為此使用個人化的 PageRank）。該演算法執行在一個包含共同興趣和普通連接的圖上。該方法在 P. Gupta 等人的論文 *WTF: The Who to Follow Service at Twitter*（*https://stanford.io/2ux00wZ*）中有更詳細的描述。

- 預測公共空間或街道上的交通流量和人的移動。將演算法執行在道路交叉口的圖形上，其中 PageRank 分數反映了人們在每條街道上停車或結束行程的趨勢。這一個應用在 *Self-Organized Natural Roads for Predicting Traf-fic Flow: A Sensitivity Study*（*https://bit.ly/2usHENZ*），這篇由 B. Jiang、S. Zhao 和 J. Yin 撰寫的論文中有更詳細的描述。

- 作為醫療和保險行業異常和詐欺檢測系統的一部分。PageRank 有助於揭示醫生或供應商行為異常，然後將分數輸入機器學習演算法。

David Gleich 在他的論文 *PageRank Beyond the Web*（*https://bit.ly/2JCYi80*）中描述了這個演算法的更多用途。

Apache Spark 的 PageRank

現在我們準備執行 PageRank 演算法，GraphFrames 中支援兩種 PageRank 的實作：

- 第一種實作的 PageRank 會執行固定迭代次數，透過設定 maxIter 參數來設定迭代次數。

- 第二種實作的 PageRank 執行直到收斂，透過設定 tol 參數來執行。

PageRank 的迭代次數固定

讓我們看固定迭代版本的例子：

```
results = g.pageRank(resetProbability=0.15, maxIter=20)
results.vertices.sort("pagerank", ascending=False).show()
```

請注意，Spark 中的阻尼因數有更直覺的名字，稱為重置機率（*reset probability*），其值為負。換句話說，本例中的 resetProbability= 0.15 等於 Neo4j 中的dampingFactor:0.85。

如果在 pyspark 中執行該程式碼，我們將看到以下輸出：

id	pageRank
Doug	2.28653720875l2252
Mark	2.1424484186137263
Alice	1.520330830262095
Michael	0.7274429252585624
Bridget	0.7274429252585624
Charles	0.5213852310709753
Amy	0.5097143486157744
David	0.36655842368870073
James	0.1981396884803788

正如我們所料，Doug 擁有最高的 PageRank 值，因為子圖形中的所有其他使用者都關注他。雖然 Mark 只被一個人關注，但那個人是 Doug，所以 Mark 在這個圖形中也被認為是重要的人。關鍵點不止在於追隨者的數量，還有這些追隨者的重要性。

在我們執行 PageRank 演算法的圖形中關係沒有權重，因此每個關係都被認為是相等的。透過在關係 DataFrame 中加入 weight 欄來添加關係權重。

PageRank 直到收斂

現在讓我們試著用會收斂的實作，這種實作會一直執行 PageRank 直到它的產出達到一個預設的門檻值：

```
results = g.pageRank(resetProbability=0.15, tol=0.01)
results.vertices.sort("pagerank", ascending=False).show()
```

在 pyspark 中執行該程式碼後，可以看到如下的結果：

id	pageRank
Doug	2.2233188859989745
Mark	2.090451188336932
Alice	1.5056291439101062
Michael	0.733738785109624
Bridget	0.733738785109624
Amy	0.559446807245026
Charles	0.5338811076334145
David	0.40232326274180685
James	0.21747203391449021

和固定次數迭代的版本相比，每個人得到的 **PageRank** 分數有一些不同，但和我們預期的一樣，它們的次序不會改變。

雖然完美解的收斂聽起來很理想，但在某些情況下，PageRank 無法數學收斂。對於較大的圖形來說，PageRank 執行時間可能令人望之卻步。設定限制門檻值有助於收斂結果在可接受的範圍，但許多人選擇使用（或與限制門檻並用）設定最大迭代這個選項。設定最大迭代通常會提供更高的性能一致性。無論您選擇哪個選項，您可能需要測試幾個不同的限制，以找到適合您的資料集的設定。和中等大小的圖形相比，較大的圖形通常需要更多的迭代次數或更小的門檻範圍，以獲得更好的精確度。

Neo4j 的 PageRank

我們也可以在 Neo4j 中執行 PageRank，以下程式會計算我們圖形中每個節點的 PageRank 值：

```
CALL algo.pageRank.stream('User', 'FOLLOWS', {iterations:20, dampingFactor:0.85})
YIELD nodeId, score
RETURN algo.getNodeById(nodeId).id AS page, score
ORDER BY score DESC
```

執行上面的程序會得到以下的結果：

page	score
Doug	1.6704119999999998
Mark	1.5610085
Alice	1.1106700000000003
Bridget	0.535373
Michael	0.535373
Amy	0.385875
Charles	0.3844895
David	0.2775
James	0.150000000000000002

和前面 Spark 範例一樣，Doug 是最具影響力的使用者，而由於 Doug 只關注一位使用者 Mark，所以 Mark 的影響力緊跟在後，我們可以在圖 5-13 中看到節點的重要性是如何相 互影響的。

PageRank 實作有很多種，因此即使順序相同，不同實作也可以產生 不同的得分。Neo4j 的節點初始值，是使用值1減去阻尼因數， 而 Spark 使用值 1。在這種情況下，得到結果的相對排名（也就 是 PageRank 的目標）是相同的，但這些結果底下所得的分數是不同 的。

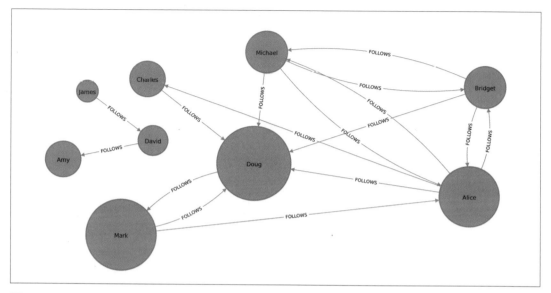

圖 5-13 PageRank 的視覺化。

正如我們的 Spark 範例一樣，執行 PageRank 演算法的圖形中的關係沒有權重，因此每個關係都被認為是相等的。透過在傳遞給 PageRank 程式的設定中的 weightProperty 屬性，可以當成是關係權重。例如，如果關係擁有一個屬性叫 weight，那麼我們將向程式傳遞：weightProperty:"weight"。

PageRank 變體：個人化 PageRank

個人化 PageRank（Personalized PageRank，PPR）是 PageRank 演算法的一種變體，它從特定節點的角度計算圖形中節點的重要性。對於 PPR 來說，隨機跳轉指的是跳到一組預設的起始節點。這會使結果偏向開始節點，這種偏差和本地化使得 PPR 對於高針對性推薦很有用。

使用 Apache Spark 的個人化 PageRank

我們可以透過傳入 sourceId 參數，來計算指定節點的個人化 PageRank 得分。下面的程式碼計算 Doug 的 PPR：

```
me = "Doug"
results = g.pageRank(resetProbability=0.15, maxIter=20, sourceId=me)
people_to_follow = results.vertices.sort("pagerank", ascending=False)

already_follows = list(g.edges.filter(f"src = '{me}'").toPandas()["dst"])
people_to_exclude = already_follows + [me]

people_to_follow[~people_to_follow.id.isin(people_to_exclude)].show()
```

此查詢的結果可用在推薦 Doug 去關注誰。請注意，我們還確保將 Doug 已經關注的人以及他自己已排除在我們的最終結果之外。

如果在 pyspark 中執行該程式碼，我們將看到以下輸出：

id	pageRank
Alice	0.1650183746272782
Michael	0.048842467744891996
Bridget	0.048842467744091006
Charles	0.0349779611988669
David	0.0
James	0.0
Amy	0.0

給 Doug 的最佳建議應該是關注 Alice， 但我們也可以建議 Michael 和 Bridget。

本章總結

中心性演算法是識別一個網路中影響力者的一個很好的工具。在本章中，我們學習了中心性演算法原型：分支中心性、緊密中心性、介數中心性和 PageRank。我們還討論了幾個變體來處理諸如長執行時間和獨立元件等問題，以及其他用途的使用建議。

中心性演算法有許多廣泛的用途，我們鼓勵使用它們探索各種分析。你可以運用我們所學到的知識，找到傳播資訊的最佳接觸點、找到控制資源流動的隱藏中間人，並發現隱藏在暗處的間接強大參與者。

接下來，我們將轉為去看社群和分組的社群偵測演算法。

## 第六章

社群偵測演算法

社群形成在所有類型的網路中都很常見，識別它們對於評估群體行為和創發現象
（cmcrgent phenomena）至關重要。查找社群的一般原則是，其成員在組內的關係比在
組外的節點強。識別這些相關集合可以找到節點群組、獨立群組和網路結構，此資訊有
助於推斷群組和群組間類似行為或偏好、估計群組韌性、查找巢式關係以及為其他分析
準備資料。社群偵測演算法也常用於生成一般觀察使用網路視覺化結果。

我們將詳細介紹最具代表性的社群偵測演算法：

- 用於整體關係密度的三角形計數（Triangle Count）和聚類係數（Clustering Coefficient）

- 用於查找連接群組的強連結元件（Strongly Connected Component）和連結元件（Connected Component）

- 用於基於節點標籤快速推斷群組的標籤傳播（Label Propagation）演算法

- 用於查看分組品質和層次結構的 Louvain 模組度（Louvain Modularity）演算法

我們將解釋演算法是如何工作的，並在 ApacheSark 和 Neo4j 中展示範例。如果一個演算
法只在一個平台上可用，我們將只提供一個範例。我們對這些演算法使用加權關係，因
為加權關係通常用於抓出關係間的重要性。

圖 6-1 概述了我們將介紹的社群偵測演算法之間的差異，表 6-1 提供了每個演算法要計算
的是什麼，以及使用範例的快速參考。

測量演算法類

三角形計數
通過一個節點的三角形數量有
多少,如 A 節點的三角形計數
為 2。

聚類係數
一個節點的所有鄰點,互相連
結的機率。

A 節點的聚類係數為 0.2,任
兩個連到 A 的節點,有 20%
的機率互相連結。

這些測可以用於全域計算 / 標
準化。

元件演算法類

連結元件
可以連結到任何其他節點的節
點所成的子集合,連結方向不
計。

圖中虛線框住的是兩個子集
合,即 {A,B,C,D,E} 和 {F,G}。

強連結元件
可以連結到任何其他節點的節
點,所成的子集合,連結方向
必須是雙向,不必直接連結。

圖中深色部分是兩個強連結元
件。

標籤傳播演算法

把標籤傳給鄰居,或是從鄰居獲得標籤,
以推斷群組的存在。

要執行多次迭代

經常使用加權關係或是加權及加權節點,以決定一群組中的標籤是不是「熱門」。

Louvain 模組度演算法

移動節點到高關係密度的群組,並聚合成更大的群組,來推斷群組關係。

要執行多次迭代
用關係加權值或是關係總數來推斷群組

圖 6-1 代表性的社群偵測演算法。

集合、分區、集群、群組和社群,這些名詞是可以交替使用的。這些
術語是用來表示一組類似節點的不同說法。社群偵測演算法也稱為聚
類(clustering)和分區(partitioning)演算法。在每一個章節中,我
們會使用文獻中用最多的術語來表示特定的演算法。

表 6-1 社群偵測演算法一覽

演算法種類	功能	使用情境	Spark 範例	Neo4j 範例
三角形計數以及聚類係數	測量有多少節點可以構成三角形，以及節點想結成一群的企圖程度	估計群組穩定性以及該網路是否呈現「小世界」（small-world）的行為，這些行為可以在具有緊密聯結的隻群圖形中看到	有	有
強連結元件	找出一種群組，在遵循關係方向的前提下，這種群組中每個節點都可以被其他的節點找到	根據團隊關係或類似物品，做出產品推薦	有	有
連結元件	找出一種群組，在不用遵循關係方向的前提下，這種群組中每個節點都可以被其他的節點找到	為其他的演算法進行快速分群或是識別孤獨元件（island）	有	有
標籤傳播	靠傳播鄰點多數標籤，來推斷群組	找出社群的共同意見，或找出合併用藥的危險組合	有	有
Louvain 模組度	透過將關係權重和關係密度與預定義的估計值或平均值的比較，盡可能的放大分組精確度	在詐欺分析中，判斷一個群組是只有少數各別的不良行為，還是結伙詐欺	無	有

一開始我們將會先介紹範例所使用的資料，接著說明如何將資料匯入 Spark 和 Neo4j。演算法按表 6-1 所列順序介紹，對於每一個演算法，您將找到一個簡短的描述和關於何時使用它的建議，大多數章節還會說明何時使用相關演算法。我們在每個演算法部分的末尾會使用範例資料演示範例程式碼。

當使用社群偵測演算法時，要注意關係的密度。

如果圖非常密集，那麼最終可能會導致所有節點聚集在一個或幾個群組中。您可以利用過濾分支數量、關係權重或相似性來解決這個問題。

另一方面，如果圖太稀疏，連接的節點很少，那麼您可能最後會看到每個節點自行一個群組。在這種情況下，請嘗試改用包含更多相關資訊的其他關聯類型。

圖形資料範例：軟體依賴關係圖

依賴關係圖特別適合展示社群偵測演算法之間存在的細微差異，因為它們往往更具關聯性和層次性。本章中的範例會用到的圖形，是針對 Python 函式庫之間依賴關係的圖形，依賴關係圖應用於軟體到能源網的各個領域。開發人員使用這種軟體依賴關係圖來追蹤軟體專案中的可傳遞依賴關係和衝突。您可以從本書的 Github repository（*https://bit.ly/2FPgGVV*）下載節點和關係檔。

表 6-2 sw-nodes.csv

id
six
pandas
numpy
python-dateutil
pytz
pyspark
matplotlib
spacy
py4j
jupyter
jpy-console
nbconvert
ipykernel
jpy-client
jpy-core

表 6-3 sw-relationships.csv

src	dst	relationship
pandas	numpy	DEPENDS_ON
pandas	pytz	DEPENDS_ON
pandas	python-dateutil	DEPENDS_ON
python-dateutil	six	DEPENDS_ON
pyspark	py4j	DEPENDS_ON
matplotlib	numpy	DEPENDS_ON
matplotlib	python-dateutil	DEPENDS_ON
matplotlib	six	DEPENDS_ON
matplotlib	pytz	DEPENDS_ON
spacy	six	DEPENDS_ON
spacy	numpy	DEPENDS_ON
jupyter	nbconvert	DEPENDS_ON
jupyter	ipykernel	DEPENDS_ON
jupyter	jpy-console	DEPENDS_ON
jpy-console	jpy-client	DEPENDS_ON
jpy-console	ipykernel	DEPENDS_ON
jpy-client	jpy-core	DEPENDS_ON
nbconvert	jpy-core	DEPENDS_ON

圖 6-2 顯示了我們想要建構的圖形，在這個圖中，我們看到有三組函式庫群組。我們可以使用較小資料集的視覺化圖作為工具，來幫助驗證由社群偵測演算法檢出的群組。

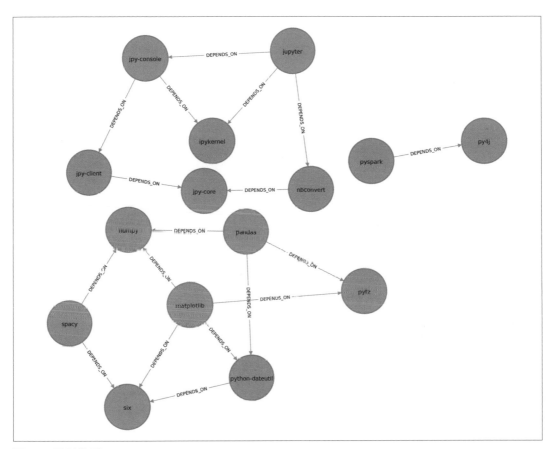

圖 6-2 圖形模型。

讓我們用範例的 CSV 檔在 Spark 和 Neo4j 中建立圖形。

將資料匯入到 Apache Spark

我們將會從 Apache Spark 和 GraphFrames 中匯入我們需要用到的套件：

```
from graphframes import *
```

下方的函式將根據範例 CSV 檔案，建立一個 GramphFrame：

```
def create_software_graph():
    nodes = spark.read.csv("data/sw-nodes.csv", header=True)
    relationships = spark.read.csv("data/sw-relationships.csv", header=True)
    return GraphFrame(nodes, relationships)
```

現在讓我們呼叫該函式：

```
g = create_software_graph()
```

將資料匯入到 Neo4j

接著，我們要為 Neo4j 做一樣的動作，下面的查詢會匯入節點：

```
WITH "https://github.com/neo4j-graph-analytics/book/raw/master/data/" AS base
WITH base + "sw-nodes.csv" AS uri
LOAD CSV WITH HEADERS FROM uri AS row
MERGE (:Library {id: row.id})
```

而這個查詢會匯入關係：

```
WITH "https://github.com/neo4j-graph-analytics/book/raw/master/data/" AS base
WITH base + "sw-relationships.csv" AS uri
LOAD CSV WITH HEADERS FROM uri AS row
MATCH (source:Library {id: row.src})
MATCH (destination:Library {id: row.dst})
MERGE (source)-[:DEPENDS_ON]->(destination)
```

現在我們已經把圖形載入好了，接著就來看演算法吧！

三角形計數和聚類係數演算法

三角形計數和聚類係數演算法經常一起使用，因此將三角形計數和聚類係數演算法一起講。對於圖中每個節點，三角形計數演算法用來計算有多少三角形會通過該節點。三角形是由三個節點組成的集合，其中每個節點與所有其他節點都有關係。三角形計數也可以對全域執行，以評估我們的整個資料集。

 具有大量三角形網路更有可能展現小世界的結構和行為。

聚類係數演算法的目標，是測量一個群組的聚類度有多強，然後與它聚類度最強能多強相比。該演算法在計算中使用三角形計數，它提供現有三角形數量與可能關係的比率。最大值 1 表示每個節點都連接到其他全部節點。

聚類係數有兩種類型：局部聚類（local clustering）和全域聚類（global clustering）。

局部聚類係數

一個節點的局部聚類係數，是其相鄰節點也相互連接的可能性大小。這個係數的計算涉及三角形計數。

一個節點的聚類係數，是將通過該節點的三角形數量乘以 2，然後將其除以群組中的最大關係數（該關係數始終是該節點的分支數減去 1）。圖 6-3 描述了一個擁有五個關係的節點的三角形和聚類係數的範例。

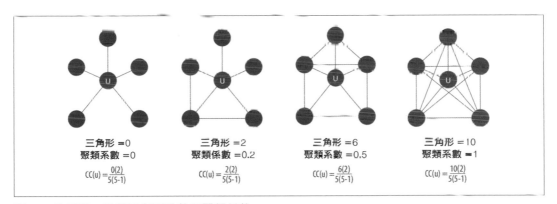

圖 6-3　為節點 u 計算三角形計數和聚類係數。

請注意在圖 6-3 中，當我們使用一個具有 5 個關係的節點，這使得聚類係數始終等於三角形數的 10%。我們可以看到，當我們改變關係的數量時，情況就改變了。如果我們把第二個例子改為有四個關係（保留相同的兩個三角形），那麼係數是 0.33。

節點的聚類係數使用以下公式：

$$CC(u) = \frac{2R_u}{k_u(k_u - 1)}$$

其中：

- *u* 是節點。

- *R(u)* 是 *u* 連接到鄰點的關係數（這可以透過計算通過 *u* 的三角形數量獲得）。

- *k(u)* 是 *u* 的分支數。

全域聚類係數

全域聚類係數是局部聚類係數的標準化加總。

聚類係數為我們提供了一種有效的方法來尋找明顯的群體，如小團體（cliques）其中每個節點都與所有其他節點有關係，但我們也可以指定閾值來設定級別（例如，節點間有40% 互相連接）。

何時應該使用三角形計數和聚類係數？

當需要確定群組的穩定性或作為計算其他網路測量（如聚類係數）的一部分時，請使用三角形計數。三角形計數在社群網路分析中很流行，它被用來偵測社群。

聚類係數可以提供一個機率，這個機率代表隨機選取到被連接節點的機率。您還可以使用它快速評估特定群組或整個網路的內聚性。這些演算法一起用於估計韌性和尋找網路結構。

範例包括：

- 識別特徵值，用於區分指定網站內容是否為垃圾內容。這個用法在 L. Becchetti 等人的論文 *Efficient Semi-Streaming Algorithms for Local Triangle Counting in Massive Graphs*（*http://bit.ly/2ut0Lao*）中進行了描述。

- 調查 Facebook 社交圖的社群結構，研究人員在一張原本稀疏的 Facebook 全域圖形中，發現了密集的使用者社群。可在 J. Ugander 等人的論文 *The Anatomy of the Facebook Social Graph*（*https://bit.ly/2TXWsTC*）中找到這項研究。

- 探索網站的主題結構，根據網頁之間的相互連結，發現具有共同主題網頁的社群。有關更多資訊，請參見 J.-P. Eckmann 和 E. Moses 的 *Curvature of Co-Links Uncovers Hidden Thematic Layers in the World Wide Web*（*http://bit.ly/2YkCrFo*）。

Apache Shark 的三角形計數

現在我們準備執行三角形計數演算法。我們可以使用以下程式碼來執行此操作：

```
result = g.triangleCount()
(result.sort("count", ascending=False)
 .filter('count > 0')
 .show())
```

如果在 pyspark 中執行該程式碼，我們將看到以下輸出：

count	id
1	jupyter
1	python-dateutil
1	six
1	ipykernel
1	matplotlib
1	jpy-console

此圖形中的三角形表示節點的兩個鄰居也是對方的鄰居，我們有 6 個函式庫擁有這種三角形關係。

如果我們想知道這些三角形中的節點各是什麼呢？這就是三角流（*triangle stream*），為了得到答案，我們需要用 Neo4j。

Neo4j 的三角形計數

在 Spark 中我們無法拿到三角流，但我們可以用 Neo4j 取得：

```
CALL algo.triangle.stream("Library","DEPENDS_ON")
YIELD nodeA, nodeB, nodeC
RETURN algo.getNodeById(nodeA).id AS nodeA,
       algo.getNodeById(nodeB).id AS nodeB,
       algo.getNodeById(nodeC).id AS nodeC
```

執行上方程式碼後，會得到以下結果：

nodeA	nodeB	nodeC
matplotlib	six	python-dateutil
jupyter	jpy-console	ipykernel

我們可以看到與之前相同的 6 個函式庫，但現在我們知道他們是如何連結的了。
matplotlib、six 和 python-dateutil 構成一個三角形。Jupyter、jpy-console 和 ipykernel 構
成另一個三角形，我們可以在圖 6-4 中看到這些三角形。

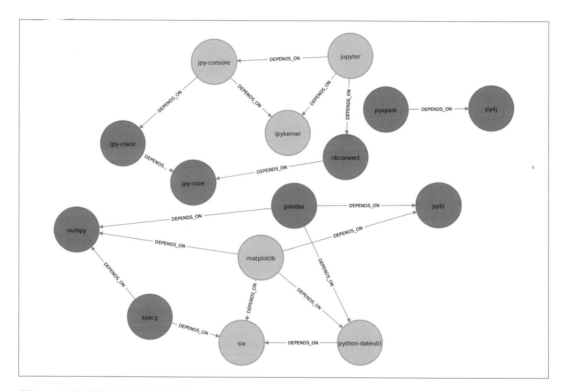

圖 6-4 在軟體依賴圖中的三角形。

Neo4j 的局部聚類係數

在 Neo4j 中，我們也可以求得局部聚類係數，下面的查詢會為每個節點進行計算：

```
CALL algo.triangleCount.stream('Library', 'DEPENDS_ON')
YIELD nodeId, triangles, coefficient
WHERE coefficient > 0
RETURN algo.getNodeById(nodeId).id AS library, coefficient
ORDER BY coefficient DESC
```

執行程式碼會得到以下的結果：

library	coefficient
ipykernel	1.0
jupyter	0.3333333333333333
jpy-console	0.3333333333333333
six	0.3333333333333333
python-dateutil	0.3333333333333333
matplotlib	0.16666666666666666

ipykernel 的分數是 1，代表所有 ipykernel 的鄰點都互為鄰點。我們可以在圖 6-4 中清楚地看到這一點。這告訴我們，直接圍繞 ipykernel 的社群是非常有凝聚力的。

在這個程式碼範例中，我們濾除了係數得分為 0 的節點，但是其實係數較低的節點也可能很有趣，得低分的節點可能表示該節點是一個結構孔（*structural hold*）（*http://stanford.io/2UTYVex*）— 代表該節點與其他社群中節點連接良好，而這些被連結的節點也沒有相互連接的關係，這是我們在第 5 章中討論尋找潛在橋樑的一種方法。

強連結元件

強連結元件（Strongly Connected Component，SCC）演算法是最早的圖形演算法之一。SCC 演算法在有向圖中找尋連接的節點集合，條件是節點在進和出兩個方向上，都可以從同一集合中的任意其他節點到達，它在執行時間與節點的數量成正比。在圖 6-5 中，您可以看到 SCC 群組中的節點不需要是直接鄰居，但是在集合中的任意節點之間必須存在有向路徑。

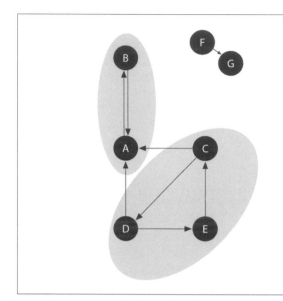

強連結元件

是一種集合，此集合中所有的節點的兩個方向，都可以被其他節點訪問，也不必是直接訪問關係。

圖中黑色區塊顯示兩個強連結元件集合：{A,B} 和 {C,D,E}。

請注意在 {C,D,E} 中，每個節點都可以訪問其他的節點，只是在某些情況下，它們要會經過別的節點。

圖 6-5 強連結元件。

將有向圖分解為強連結元件，是深度優先搜索（DFS）演算法的一個經典應用。Neo4j 底層使用 DFS 作為 SCC 演算法實現的一部分。

何時應該使用強連結元件？

使用強連結元件可以是圖形分析的一個前期步驟，目的是瞭解圖形的結構，或確定可能值得特別調查的緊密群組。對於推薦引擎等應用，可以使用強連結的元件來分析群組中的類似行為或偏好。

許多社群偵測演算法（如 SCC）被用於找尋群組並將找到的群組折疊變成單個節點，以便進一步進行群組間分析。你還可以使用 SCC 將分析的週期做視覺化，例如用來尋找鎖死的程序，這種鎖死的程序肇因於每個子程序都在等待其他另一個成員的情況。

範例包括：

- 找到每個成員直接和 / 或間接擁有其他成員股份的公司，如 *The Network of Global Corporate Control*（*http://bit.ly/2UU4EAP*）中 S. Vitali、J. B. Glattfelder 和 S. Battiston 對強大跨國公司的分析。

- 測量多跳躍無線網路中的路由性能時，計算不同網路設定的連線性。請閱讀 M. K. Marina 和 S. R. Das 的 *Routing Performance in the Presence of Unidirectional Links in Multihop Wireless Net works*（*https://bit.ly/2uAJs7H*）。

- 在許多適用於強連結圖的圖形演算法中，充當這些圖形演算法的第一步。在社交網路中，我們發現了許多緊密相連的群體。在這些群體中，人們通常有相似的偏好，SCC 演算法用於查找此類群組，並向群組中尚未被推薦過的人，推薦喜歡的網頁或要購買的產品。

有些演算法有擺脫無限迴圈的策略，但是如果我們正在編寫自己的演算法或發現無法中止的程序時，我們可以使用 SCC 來檢查迴圈。

Apache Spark 的強連結元件

從 Apache Spark 開始，我們首先從 Spark 和 GraphFrames 套件匯入我們需要的套件：

```
from graphframes import *
from pyspark.sql 1mport functions as F
```

現在我們準備執行強連結元件演算法，使用它來計算圖中是否存在循環依賴。

如果兩個節點之間存在雙向路徑，則兩個節點必位於同一強連結元件中。

我們撰寫以下的程式碼以執行強連結元件演算法：

```
result = g.stronglyConnectedComponents(maxIter=10)
(result.sort("component")
 .groupby("component")
 .agg(F.collect_list("id").alias("libraries"))
 .show(truncate=False))
```

在 pyspark 中執行程式碼，就會看到下列輸出：

component	libraries
180388626432	[jpy-core]
223338299392	[spacy]
498216206336	[numpy]
523986010112	[six]
549755813888	[pandas]
558345748480	[nbconvert]
661424963584	[ipykernel]
721554505728	[jupyter]
764504178688	[jpy-client]
833223655424	[pytz]
910533066752	[python-dateutil]
936302870528	[pyspark]
944892805120	[matplotlib]
1099511627776	[jpy-console]
1279900254208	[py4j]

可能你已注意到每個函式庫節點都被指定了各自的元件編號，這個元件編號代表它所屬的分區或子群組，就像我們之前預期的，每個節點都在其自己的分區中。這意味著我們的軟體專案所使用的函式庫，函式庫之間沒有循環依賴關係。

Neo4j 的強連結元件

讓我們使用 Neo4j 執行相同的演算法，請執行以下的查詢以執行該演算法：

```
CALL algo.scc.stream("Library", "DEPENDS_ON")
YIELD nodeId, partition
RETURN partition, collect(algo.getNodeById(nodeId).id) AS libraries
ORDER BY size(libraries) DESC
```

傳遞給這個演算法的參數是：

Library

　　從圖形中載入的節點標籤。

DEPENDS_ON

　　從圖形中載入的關係型態。

我們執行該查詢後，將會看到以下結果：

partition	libraries
8	[ipykernel]
11	[six]
2	[matplotlib]
5	[jupyter]
14	[python-dateutil]
13	[numpy]
4	[py4j]
7	[nbconvert]
1	[pyspark]
10	[jpy-core]
9	[jpy-client]
3	[spacy]
12	[pandas]
6	[jpy-console]
0	[pytz]

和 Spark 範例一樣，每個節點都在自己的分區中。

到目前為止，演算法只告訴了我們的 Python 函式庫的行為非常好。現在讓我們在圖中創建一個循環依賴，讓事情變得更有趣。這意味著我們將讓一些節點落在同一分區中。

下面的查詢會加上一個 extra 的函式庫，它在 py4j 和 pyspark 之間創建循環依賴關係：

```
MATCH (py4j:Library {id: "py4j"})
MATCH (pyspark:Library {id: "pyspark"})
MERGE (extra:Library {id: "extra"})
MERGE (py4j)-[:DEPENDS_ON]->(extra)
MERGE (extra)-[:DEPENDS_ON]->(pyspark)
```

我們在圖 6-6 中可以清楚地看到剛建立的循環依賴關係。

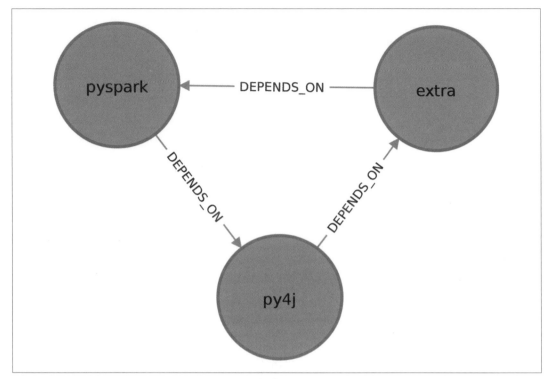

圖 6-6 pyspark、py4j 和 extra 之間的循環依賴關係。

如果我們現在再次執行 SCC 演算法，將看到一個稍微不同的結果：

partition	libraries
1	[pyspark, py4j, extra]
8	[ipykernel]
11	[six]
2	[matplotlib]
5	[jupyter]
14	[numpy]
13	[pandas]
7	[nbconvert]
10	[jpy-core]
9	[jpy-client]
3	[spacy]
15	[python-dateutil]
6	[jpy-console]
0	[pytz]

pyspark、py4j 和 extra 都在同一分區中，SCC 幫我們找到了循環依賴關係！

在繼續下一個演算法之前，讓我們先從圖中刪除 extra 的函式庫及其關係：

```
MATCH (extra:Library {id: "extra"})
DETACH DELETE extra
```

連結元件

連結元件（Connected Components）演算法（有時稱為 Union Find 或 Weakly Connected Components）在無向圖中查找連接節點集合，其中每個節點可以從同一集合中的任何其他節點訪問。它和 SCC 演算法不同，因為它只需要在節點對之間存在路徑即可，而 SCC 需要在兩個方向上都存在路徑。Bernard A. Galler 和 Michael J. Fischer 在 1964 年的論文 *An Improved Equivalence Algorithm*（*https://bit.ly/2WsPNxT*）中首次描述了該演算法。

何時應該使用連結元件？

與 SCC 一樣，連結元件演算法通常是在分析的早期，用於理解圖的結構。因為它的可擴展性很好，所以碰到需要頻繁更新的圖形時，可考慮使用此演算法來處理。它可以快速顯示群組之間的新節點，這對於詐欺偵測等分析非常有用。

建議養成執行連結元件來測試圖是否連接的習慣，作為一般圖形分析的一個準備步驟。執行這個快速測試可以避免在圖的一個斷開連結元件上意外執行演算法，導致得到不正確的結果。

範例包括：

- 持續追蹤資料庫記錄的各群組，作為消除重複資料流程的一部分。消除重複資料是資料管理應用中的一項重要任務；該方法在 A. Monge 和 C. Elkan 的 *An Efficient Domain-Independent Algorithm for Detecting Approximately Duplicate Database Records*（*http://bit.ly/2CCNpgy*）中有更詳細的描述。

- 分析引文網路。一項研究使用連結元件來計算網路的連接程度，然後查看如果移除 *hub* 或 *authority* 的話，連接是否仍然持續存在。Y.、J. C. M. Janssen 和 E. E. Milios 的論文 *Characterizing and Mining Citation Graph of Computer Science Literature*（*https://bit.ly/2U8cfi9*）中有進一步解釋了這個範例。

Apache Spark 的連結元件

讓我們從 Apache Spark 開始，我們將會先從 Spark 和 GraphFrames 套件中匯入所需的套件：

```
from pyspark.sql import functions as F
```

 如果兩個節點之間存在任一方向的路徑，那麼兩個節點可以位於同一連結元件中。

現在我們用以下的程式碼執行連結元件演算法：

```
result = g.connectedComponents()
(result.sort("component")
 .groupby("component")
 .agg(F.collect_list("id").alias("libraries"))
 .show(truncate=False))
```

若在 pyspark 中執行程式碼，我們將會到以下的輸出：

component	libraries
180388626432	[jpy-core, nbconvert, ipykernel, jupyter, jpy-client, jpy-console]
223338299392	[spacy, numpy, six, pandas, pytz, python-dateutil, matplotlib]
936302870528	[pyspark, py4j]

從結果中可以看出有節點分成三個群組，你也可以在圖 6-7 中看到。在這個例子中，僅僅透過目視檢查也很容易看到三個元件。但該演算法在較大的圖形上更可以彰顯出更大的價值，因為在大圖形中，不可能用目視檢查或非常耗時。

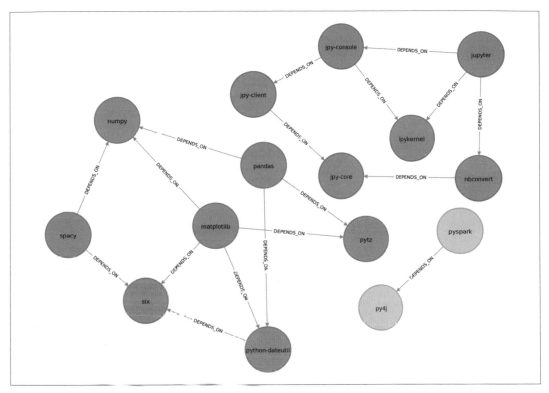

圖 6-7 用連結元件演算法找出的群組。

Neo4j 的連結元件

我們用下面的查詢，也可以在 Neo4j 中執行連結元件演算法：

```
CALL algo.unionFind.stream("Library", "DEPENDS_ON")
YIELD nodeId,setId
RETURN setId, collect(algo.getNodeById(nodeId)) AS libraries
ORDER BY size(libraries) DESC
```

傳遞給演算法的參數為：

Library

　　從圖形中載入的節點標籤。

DEPENDS_ON

　　從圖形中載入的關係標籤。

下面為輸出結果：

setId	libraries
2	[pytz, matplotlib, spacy, six, pandas, numpy, python-dateutil]
5	[jupyter, jpy-console, nbconvert, ipykernel, jpy-client, jpy-core]
1	[pyspark, py4j]

如預期一般，我們得到和之前 Spark 範例一模一樣的結果。

到目前為止，我們所討論的兩種社群偵測演算法都是確定性的：即每次執行它們時，它們都回傳相同的結果。接下來的兩個演算法是非確定性演算法的例子，如果我們多次執行它們，即使在相同的資料上，也可能會看到不同的結果。

標籤傳播

標籤傳播演算法（Label Propagation algorithm，LPA）是一種在圖形中尋找群組的快速演算法。在 LPA 中，節點根據其直接鄰居來選擇要在哪個群組中。這個過程非常適合群組之間不太清晰的網路，並且權重可以用來幫助節點決定將自己放在哪個群組中。它也適合半監督式學習，因為您可以預先分配代表性的節點，為你的整個程序播下種子。

該演算法的概念是，在一組密集連接的節點中，一個標籤可以很快佔據主導地位，但在穿越稀疏連接區域時會遇到困難。標籤會滯留在一組密集連接的節點群組中，當演算法完成時，節點都會得到一個統一的標籤，視為同一群組的一部分。該演算法節點指定分配給具有最高組合關係以及節點權重的標籤，來解決節點同屬多個群組的重疊問題。LPA 是 U. N. Raghavan、R. Albert 和 S. Kumara 於 2007 年 在 題 為 *Near Linear Time Algorithm to Detect Community Structures in Large-Scale Networks* 的論文中提出的一種相對較新的演算法，用於檢測大規模網路中的社群結構（*https://bit.ly/2Frb1Fu*）。

圖 6-8 描述了標籤傳播的兩種變化，第一種是簡單的推方法（push method）和第二種依賴關係權重的拉方法（pull method），拉方法很適合平行化。

標籤傳播 — 推方法

將標籤推向鄰節點以找到群組

有兩個節點預先被設定了種子標籤。

它們會散佈它們的標籤到直接鄰點。

走到這一步，標籤散佈都沒有發生衝突。

最後被標上標籤的節點 現在的動作也如同種子標籤節點一般。

發生衝突時，採用像關係權重這種集合評估方法來解決衝突。

程序繼續直到所有的節點都更新完標籤，最後識別出兩個群出。

LPA 可以使用預播種標籤加上不標籤節點，或是將每個節點初始為不重複的標籤。
使用越多不同標籤的話，就會有越多衝突情況要解決。

標籤傳播 — 拉方法

根據關係權重，從鄰點拉標籤給自己，以找到所屬群組。

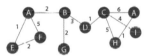
有 2 個節點有相同的「A」標籤，其他的節點標籤都不重複。
節點權重預設為 1，而且在本範例忽略。

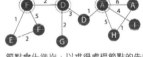
節點會先洗均，以求得處理節點的先後次序，而且每個節點會查看直接鄰點的標籤（如圖中標籤的 3 個節點），然後節點會向擁有最高關係權重的節點請求標籤。

在這一步中的 3 個節點並沒有改變標籤，因為在這一步中它們的最高權重關係仍然是同樣的標籤。

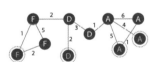
這個動作會一直重複，直到所有的節點都更新完自己的標籤。

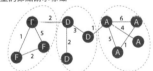
最後定義出 3 個群組，標籤本身並沒有特殊意義。

圖 6-8 標籤傳播的兩種變體。

標籤傳播拉方法常用的步驟是：

1. 每個節點初始時都各自使用一個唯一的標籤（識別），而且還可以選擇是不是使用起始「種子」標籤。

2. 這些標籤透過網路傳播。

3. 在每次傳播迭代運算中，每個節點用具有最大權重的節點的標籤，更新自己的標籤，最大權重是根據相鄰節點的權重及其關係計算得出的。關係會均勻地被打破和隨機地被打破。

4. 當每個節點都得到其大多數鄰節點的標籤時，LPA 就會達到收斂。

隨著標籤的傳播，密集連接的節點群很快就都會變成一個標籤。在傳播末期，只會剩下少數標籤，具有相同標籤的節點即屬於同一個群組。

半監督式學習和種子標籤

與其他演算法相比，對同一個圖形執行多次的標籤傳播，將回傳不同的社群結構。LPA 評估節點的順序，可能會影響它回傳的最終群組。

當某些節點被賦予初始標籤（即種子標籤）時，而其他節點不帶標記時，會縮小最後出來的分群結果的範圍，未標記的節點更有機會採用初始標籤。

標籤傳播的行為，可以被認為是尋找社群的一種**半監督式學習方法**。半監督式學習是一種機器學習任務和技術的分類，它對少量標記資料以及大量未標記資料進行操作。我們還可以在圖形演化的過程中重複執行該演算法。

最後，LPA 有時會無法收斂成一個解決方案。在這種情況下，我們的社群結果將不斷地在幾個非常相似的社群之間切換，並且演算法永遠不會完成。種子標籤有助於引導它走向解決方案。Spark 和 Neo4j 使用一組最大迭代次數來避免無休止的執行。您應該為測試資料的迭代次數設定，以在準確性和執行時間兩者間求得平衡。

何時應該使用標籤傳播？

在大型網路中，特別是有權重的情況下，使用標籤傳播進行初始社群偵測。該演算法可以平行化，因此在圖形分群方面速度非常快。

範例包括：

- 將推特推文的極性指定為語義分析的一部分，在這種背景情況下，來自分類器的正情緒種子標籤和負情緒種子標籤，可以加入到 Twitter 關注圖形一併結合使用。有關更多資訊，請參見 M. Speriosu 等人的 *Twitter Polarity Classification with Label Propagation over Lexical Links and the Follower Graph*（*https://bit.ly/2FBq2pv*）。

- 根據化學相似性和副作用特徵，找出可能的聯合處方藥物的潛在危險組合。參見 P. Zhang 等人的論文 *Label Propagation Prediction of Drug–Drug Interactions Based on Clinical Side Effects*（*https://www.nature.com/articles/srep12339*）。

- 為機器學習模型去推斷對話特徵和使用者意圖。有關更多資訊，請參見 Y. Murase 等人的論文 *Feature Inference Based on Label Propagation on Wiki- data Graph for DST*（*https://bit.ly/2FtGpTK*）。

Apache Spark 的標籤傳播

讓我們從 Apache Spark 開始。首先要從 Spark 和 GraphFrames 套件匯入我們要用的套件：

```
from pyspark.sql import functions as F
```

現在我們撰寫以下的程式碼，以執行標籤傳播演算法：

```
result = g.labelPropagation(maxIter=10)
(result
 .sort("label")
 .groupby("label")
 .agg(F.collect_list("id"))
 .show(truncate=False))
```

在 pyspark 中執行程式的話，會看到如下的結果：

label	collect_list(id)
180388626432	[jpy-core, jpy-console, jupyter]
223338299392	[matplotlib, spacy]
498216206336	[python-dateutil, numpy, six, pytz]
549755813888	[pandas]
558345748480	[nbconvert, ipykernel, jpy-client]
936302870528	[pyspark]
1279900254208	[py4j]

和連結元件演算法的執行結果比較起來，這裡的結果得到的函式庫群組比較多。就如何確定群組而言，標籤傳播比連結元件更不嚴格。使用標籤傳播的話，有可能發現兩個鄰居節點（直接連接的節點）位於不同的群組中。但是，若是使用連結元件，節點將始終與相鄰節點處於同一個群組中，因為該演算法嚴格根據關係進行分組。

在我們的範例中，最明顯的區別是 Jupyter 相關的函式庫被拆分成了兩個社群——一個包含函式庫的核心部分，另一個是使用者端的工具。

Neo4j 的標籤傳播

現在讓我們在 Neo4j 中嘗試相同的演算法，以下面的查詢執行 LPA：

```
CALL algo.labelPropagation.stream("Library", "DEPENDS_ON",
  { iterations: 10 })
YIELD nodeId, label
RETURN label,
       collect(algo.getNodeById(nodeId).id) AS libraries
ORDER BY size(libraries) DESC
```

傳遞給演算法的參數為：

Library

從圖形中載入的節點標籤。

DEPENDS_ON

從圖形中載入的關係型態。

iterations: 10

執行的最大迭代次數。

下面我們看到的是執行結果：

label	libraries
11	[matplotlib, spacy, six, pandas, python-dateutil]
10	[jupyter, jpy-console, nbconvert, jpy-client, jpy-core]
4	[pyspark, py4j]
8	[ipykernel]
13	[numpy]
0	[pytz]

我們在圖 6-9 中可以看到部份的結果（未全部顯示），和我們用 Apache Spark 得到的結果非常相似。

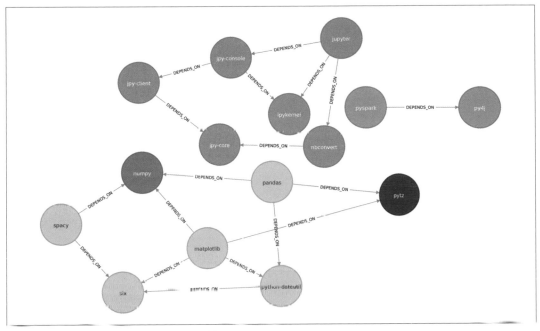

圖 6-9 透過標籤傳播演算法發現的群組。

我們也可以在假設圖是無向的情況下執行該演算法，這意味著節點將嘗試從它們所依賴的函式庫以及依賴它們的函式庫中取得標籤。

要做到這個的一個行為的話，我們可以將參數 DIRECTION:BOTH 傳遞給演算法：

```
CALL algo.labelPropagation.stream("Library", "DEPENDS_ON",
  { iterations: 10, direction: "BOTH" })
YIELD nodeId, label
RETURN label,
       collect(algo.getNodeById(nodeId).id) AS libraries
ORDER BY size(libraries) DESC
```

執行以後，我們會得到結果如下：

label	libraries
11	[pytz, matplotlib, spacy, six, pandas, numpy, python-dateutil]
10	[nbconvert, jpy-client, jpy-core]
6	[jupyter, jpy-console, ipykernel]
4	[pyspark, py4j]

得到的群組數量從 6 個變成 4 個，而且圖中 matplotlib 那一帶的節點現在都變成同一群組了，從圖 6-10 中可以看得更清楚。

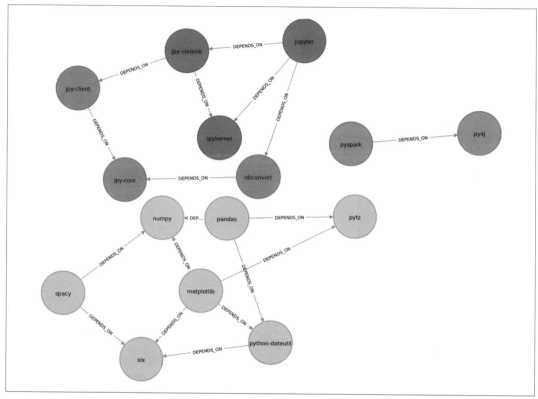

圖 6-10 忽略關係的方向後，標籤傳播演算法發現的群組。

儘管在這個資料集合上執行標籤傳播，無向和有向出來的結果相似，但在複雜的圖上，您會看到更顯著的差異，這是因為忽略方向會導致節點去評估及採用更多標籤，而不用去考慮關係從何處出發。

Louvain 模組程度

Louvain 模組程度（Louvain Modularity）演算法在將節點分配給不同的群組時，是透過比較社群密度來查找群組。你可以把這看作是一個「假設式」分析，透過嘗試各種分組，以達到全域最優。

Louvain 演算法（*https://arxiv.org/pdf/0803.0476.pdf*）於 2008 年提出，是基於模組程度（modularity-based）的演算法中最快的演算法之一。除了偵測社群之外，它還揭示了不同尺度下的社群層次。這對於理解網路結構不同級別層次很有用。

Louvain 演算法會去做一個評估，這個評估藉由將群組中的連結密度與一個平均樣本或是一個隨機樣本相比，來評價將一個節點指定給一個群組有多好。這種群組分配的度量稱為*模組程度*。

透過模組程度進行品質分組

模組化是一種尋找社群的技術，它將一個圖形劃分為更小型的模組（或群組），然後測量群組的強度。與僅僅查看群組內連接集中程度不同，該方法將給定群組中的關係密度與群組之間的關係密度進行了比較。度量這些分組的品質稱為模組程度。

模組程度演算法會先優化局部分群，然後再優化全域分群，使用多個迭代測試不同的分組並向更大階層移動。該策略能找出群組層次結構，提供了對整體結構的廣泛瞭解。然而，所有模組程度演算法存在兩個缺點：

- 它們將較小的社群合併為較大的社群。

- 如果存在具有相似模組程度的多個分區，可能出現平穩段，然後形成局部最大值並阻礙程序。

有關更多資訊，請參見 B. H. Good、Y.-A. de Mon tjoye 和 A. Clauset 的論文 *The Performance of Modularity Maximization in Practical Contexts*（*HTTPs://arxiv.org/abs/0910.0165*）。

一開始，Louvani 模組程度算法會對所有節點的模組程度進行局部優化，這個動作可以找到小的群組；然後再將小群組合成為一個較大的聯合節點，並重複第一步，一直到達到全域最優。

計算模組程度

一個簡單的模組程度計算，是根據指定群組內關係的得分減去一個假定得分，這個假定得分是假設所有節點間的關係呈隨機分佈，所得到的一個分數。模組程度得分始終介於 1 和 -1 之間，正值表示的關係密度比您預期的更大，負值表示密度比您預期的更小。圖 6-11 說明幾種節點分組下的幾個不同模組程度得分。

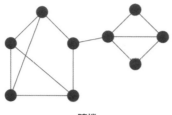

隨機
（單一群組）
M = 0.0

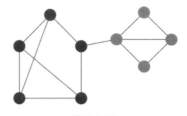

最佳分區
M = 0.41

次佳分區
M = 0.22

負的模組程度
M = -0.12

圖 6-11 四個不同分群的模組程度得分。

一個群組的模組程度公式是：

$$M = \sum_{c=1}^{n_c} \left[\frac{L_c}{L} - \left(\frac{k_c}{2L} \right)^2 \right]$$

其中：

- L 是整個組中的關係數。

- L_c 是一個分區中的關係數。

- K_c 是分區中節點的總分支數。

圖 6-11 上方的最佳分區計算如下：

- 暗部分區為 $\left(\frac{7}{13} - \left(\frac{15}{2(13)} \right)^2 \right) = 0.205$

- 亮部分區為 $\left(\frac{5}{13} - \left(\frac{11}{2(13)} \right)^2 \right) = 0.206$

- 加在一起求得 $M = 0.205 + 0.206 = 0.41$

演算法由一直重複的兩個步驟組合而成，如圖 6-12 所示。

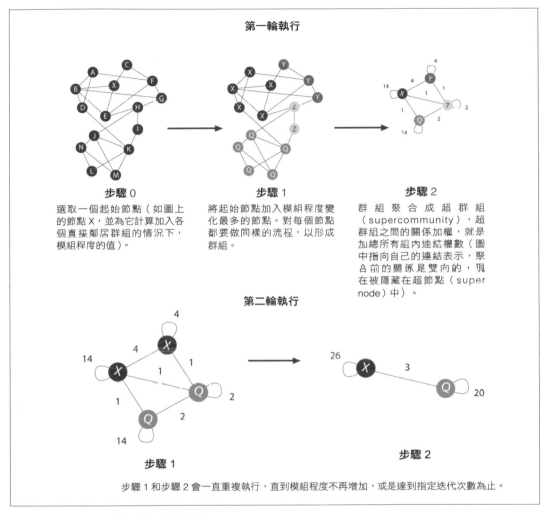

圖 6-12 Louvain 演算法的處理步驟。

Louvain 演算法的處理步驟包括：

1. 將節點貪婪式分配給群組，做出模組程度的局部優化。

2. 根據第一步中發現的群組，去合併出更高層的網路，合併出的新網路將在演算法的下一次迭代中使用。

重複這兩個步驟，直到所增加的模組程度無法促使群組重新分配。

第一個優化步驟包含評估群組的模組程度。Louvain 使用以下公式來達成：

$$Q = \frac{1}{2m} \sum_{u,v} \left[A_{uv} - \frac{k_u k_v}{2m} \right] \delta(c_u, c_v)$$

其中：

- u 和 v 是節點。
- m 是整個圖的總關係權重（在模組程度公式中，$2m$ 是常見的標準化值）。
- $A_{uv} - \frac{k_u k_v}{2m}$ 是 u 和 v 之間關係的強度，此強度與網路中這些節點的隨機分配（傾向於平均值）相比。

  - A_{uv} 是 u 和 v 之間關係的重量。
  - k_u 是 u 的關係權重之和。
  - k_v 是 v 的關係權重之和。

- $\delta(c_u, c_v)$ 如果 u 和 v 分配給同一個社群，等於 1，如果不是，則為 0。

第一步的另一部分評估了如果將一個節點移動到另一個組中，模組程度的變化。Louvain 使用了這個公式更複雜的變體，然後確定了最佳的組分配。

何時應該用 Louvain ？

在龐大的網路中查找社群時，請使用 Louvain 模組程度演算法。該演算法採用啟發式演算法，而不是精確的模組程度演算法，因為精確的模組程度演算法計算成本很高。因此，標準模組程度演算法可能會遇到困難的大型圖形，Louvain 模組程度演算法則能克服。

Louvain 也非常有助於評估複雜網路的結構，尤其是揭示許多層次結構——比如你可能想在犯罪組織中發現的多層次結構。該演算法可以讓你放大檢視不同層次結構，並且在子群組中找到子群組中的子群組。

範例用例包括：

- 檢測網路攻擊。2016 年，Louvain 演算法被 S. V. Shanbhaq（*https://bit.ly/2FAxalS*）提出用於網路安全應用，在大型網路中做快速社群偵測。一旦找到這些社群，它們就可以用來檢測網路攻擊。

- 從 Twitter 和 YouTube 等線上社交平台中提取主題，將文件中共同出現的術語用於主題建模過程中。該方法由 G. S. Kido、R. A. Igawa 和 S. Barbon Jr. 在一篇論文 *Topic Modeling Based on Louvain Method in Online Social Networks*（*http://bit.ly/2UbCCUl*）中描述。

- 如 D. Meunier 等人在 *Hierarchical Modularity in Human Brain Functional Networks*（*https://bit.ly/2HFHXxu*）中所述，在大腦功能網路內發現分層社群結構。

 模組程度最佳化演算法（包括 Louvain）面臨兩個問題。首先，這些演算法可以忽略大型網路中的小型社群。您可以透過回顧中間合併步驟來克服這個問題。其次，在具有重疊社群的大型圖中，模組程度優化器可能無法正確地確定全域最大值。對於後面這種問題，我們建議只將任何模組程度演算法作為粗略估計，但不完全準確的參考。

Neo4j 的 Louvain

讓我們來看看 Louvain 演算法的實際應用，執行以下的查詢會在我們的圖形上執行演算法：

```
CALL algo.louvain.stream("Library", "DEPENDS_ON")
YIELD nodeId, communities
RETURN algo.getNodeById(nodeId).id AS libraries, communities
```

遞傳遞演算法的參數如下：

Library

從圖形中匯入的節點標籤。

DEPENDS_ON

從圖形中匯入的關係種類。

以下是執行結果：

libraries	communities
pytz	[0, 0]
pyspark	[1, 1]
matplotlib	[2, 0]
spacy	[2, 0]
py4j	[1, 1]

libraries	communities
jupyter	[3, 2]
jpy-console	[3, 2]
nbconvert	[4, 2]
ipykernel	[3, 2]
jpy-client	[4, 2]
jpy-core	[4, 2]
six	[2, 0]
pandas	[0, 0]
numpy	[2, 0]
python-dateutil	[2, 0]

欄位 communities 表示節點有兩層分群結果,陣列中的最後一個值是最終社群,另一個是中間社群。

分配給中間社群和最終社群的數字只是標籤,沒有可測量的意義,僅僅標示節點屬於哪個群組而已,例如「屬於標記為 0 的社群」、「屬於標記為 4 的社群」,依此類推。

例如,matplotlib 的結果是 [2,0]。這意味著 matplotlib 的最終社群標記為 0,中間社群標記為 2。

如果我們使用該演算法的寫入版本儲存這些社群,然後再對其進行查詢,那麼更容易看到一切是如何運作的。下面的查詢將執行 Louvain 演算法並將結果儲存在每個節點的 communities 屬性中:

```
CALL algo.louvain("Library", "DEPENDS_ON")
```

我們還可以使用演算法的串流式版本儲存生成的社群,然後調用 SET 子句儲存結果。以下的查詢示範了怎麼做到這件事:

```
CALL algo.louvain.stream("Library", "DEPENDS_ON")
YIELD nodeId, communities
WITH algo.getNodeById(nodeId) AS node, communities
SET node.communities = communities
```

執行上面任一查詢後,我們就可以撰寫下方的查詢來找到最終社群:

```
MATCH (l:Library)
RETURN l.communities[-1] AS community, collect(l.id) AS libraries
ORDER BY size(libraries) DESC
```

l.communities[-1] 會回傳此屬性儲存陣列中最後一個項目。

執行查詢會產生這個輸出：

community	libraries
0	[pytz, matplotlib, spacy, six, pandas, numpy, python-dateutil]
2	[jupyter, jpy-console, nbconvert, ipykernel, jpy-client, jpy-core]
1	[pyspark, py4j]

這個分群結果與我們在連結元件演算法中看到的相同。

matplotlib 與 pytz、spacy、six、pandas、numpy 和 python-dateutil 在一個社群中。我們可以在圖 6-13 中更清楚地看到這一點。

Louvain 演算法的另一個特點是我們也可以看到中間社群，這將向我們展示比最後一層更低一層且更詳細的群組：

```
MATCH (l:Library)
RETURN l.communities[0] AS community, collect(l.id) AS libraries
ORDER BY size(libraries) DESC
```

執行該查詢將得到以下輸出：

community	libraries
2	[matplotlib, spacy, six, python-dateutil]
4	[nbconvert, jpy-client, jpy-core]
3	[jupyter, jpy-console, ipykernel]
1	[pyspark, py4j]
0	[pytz, pandas]
5	[numpy]

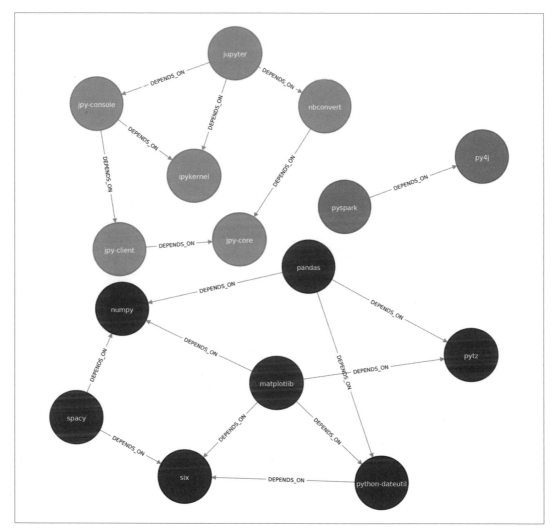

圖 6-13 Louvain 演算法發現的群組。

matplotlib 社群中的函式庫現在已經分解為三個較小的社群：

- matplotlib、Spacy、Six 和 python-dateutil

- pytz 和 pandas

- numpy

我們可以在圖 6-14 中直觀地看到這個分解。

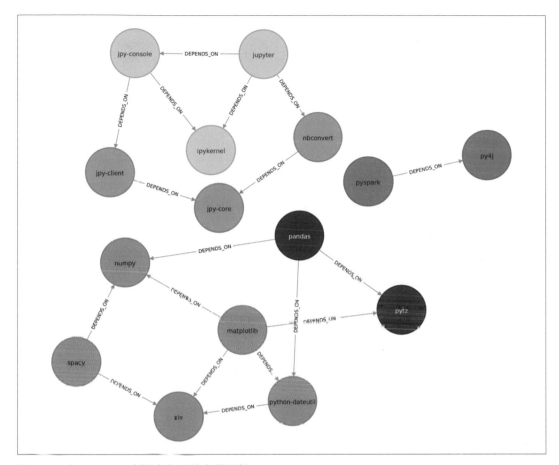

圖 6-14 由 Louvain 演算法發現的中間群組。

儘管這個圖只顯示了兩層層次結構,但是如果我們在一個更大的圖上執行這個演算法,我們會看到一個更複雜的層次結構。Louvain 揭示的中間群組對於偵測更細緻的分群非常實用,其他社群偵測演算法可能無法偵測到這些中間分群。

驗證社群

社群偵測演算法通常具有相同的目標:識別群組。然而,由於不同的演算法從不同的假設開始,它們可能會發現不同的社群。這使得若是我們要為一個特定的問題去選擇正確的演算法將變得更具挑戰性,並且要做點探索的工作。

與周圍環境相比，當群體內的關係密度較高時，大多數社群偵測演算法都表現得相當好，但現實中的網路通常不是那麼明顯。透過將我們的結果與基於已知社群資料的基準進行比較，我們可以驗證所發現社群的準確性。

其中兩個最著名的基準是 Girvan-Newman（GN）和 Lancichinetti-Fortunato-Radicchi（LFR）演算法。這些演算法的生成參考網路是完全不同的：GN 生成一個更為均勻的隨機網路，而 LFR 創建一個更為異質構成的圖，其中節點分支數和社群大小根據冪律分佈。

由於我們的測試的準確性取決於所使用的基準，因此將我們的基準與資料集匹配是很重要的。要盡可能多地尋找相似的密度、關係分佈、社群定義和相關領域。

本章總結

社群偵測演算法對於理解節點在圖形中分組的方式非常有幫助。

在本章中，我們首先學習三角形計數和聚類係數演算法。然後我們繼續討論兩種確定性社群偵測演算法：強連結元件和連結元件。這些演算法對社群的構成有嚴格的定義，在圖形分析工作流程的早期，對圖形結構進行瞭解非常有用。

我們也讀到了標籤傳播和 Louvain，這兩個非確定性演算法，它們能夠以更高的解析度檢測群組，Louvain 還向我們展示了不同等級的社群。

在下一章中，我們將學習一個更大的資料集，並學習如何將這些演算法組合在一起，以對我們的連接資料獲得進一步深入瞭解。

## 第七章

圖形演算法實作

隨著我們對特定資料集上不同演算法的行為越來越熟悉，我們採用的圖形分析方法也在不斷發展著。在本章中，我們將透過幾個範例，借用 Yelp 和美國交通部的資料集，讓您更好地瞭解如何處理大規模圖形資料分析。我們將用 Neo4j 介紹 Yelp 資料分析，其中包括對資料的總體概述、結合演算法提出旅行建議，以及挖掘使用者和業務資料以供諮詢。而對於 Spark，我們將研究美國航空公司的資料，以瞭解交通流量、航班延誤以及機場如何被不同航空公司連接起來。

由於尋路演算法很簡單，所以我們的範例將會同時使用以下這些中心性和社群演算法：

- 用 PageRank 去找有影響力的 Yelp 評論者，然後將它們對特定飯店的評價關聯起來
- 用介數中心性演算法去找到介於多個群組間的審閱評論者，然後找出他們的偏好
- 用標籤傳播搭配投射法，為 Yelp 中相近的商家建立超分類
- 用分支中心性演算法在美國運輸資料集合中快速識別轉運機場
- 用強連結元件演算法找出美國機場航線群組

用 Neo4j 分析 Yelp 資料

Yelp 幫助人們根據評價、偏好和推薦找尋當地的商家。截至 2018 年底，已有超過 1.8 億條評論被寫入 Yelp 平台。自 2013 年以來，Yelp 一直在舉辦 Yelp 資料集挑戰（*https://bit.ly/2Txz0rg*），這是一個鼓勵人們探索和研究 Yelp 的開放資料集的競賽。

截至第 12 輪競賽為止（2018 年進行），開放式資料集包括：

- 超過 700 萬條評論加上提示
- 超過 150 萬使用者和 28 萬張圖片
- 超過 188000 家擁有 140 萬屬性的商家
- 覆蓋 10 個大城市地區

自舉辦這個競賽以來，Yelp 資料集已變得流行，有數百篇學術論文（*https://bit. ly/2upiaRz*）使用這個材料撰寫。Yelp 資料集代表一個結構良好且高度互聯的真實資料集。這是一個很好的圖形演算法展示，您也可以下載它並對它進行探索。

Yelp 社交網路

除了撰寫和閱讀關於商家的評論之外，Yelp 的使用者也形成了一個社交網路。使用者可以向瀏覽 Yelp.com 時遇到的其他使用者發送好友請求，也可以連接他們的通訊錄或 Facebook 社交圈。

Yelp 資料集也包括一個社交網路，圖 7-1 是 Mark Yelp 簡介中 Friends 部分的螢幕截圖。

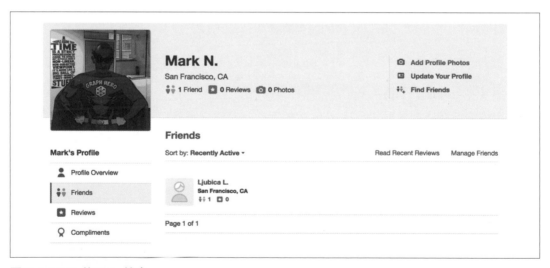

圖 7-1 Mark 的 Yelp 簡介。

不去管 Mark 需要更多的朋友這件事的話，我們已經準備好要開始了。為了說明我們如何分析 Neo4j 中的 Yelp 資料，我們將使用假設背景，假設身為一個旅遊資訊業商家。我們將首先研究 Yelp 資料，然後關注如何使用我們的 app 幫助人們計畫旅行。我們將在 Las Vegas 等主要城市尋找好的住宿地點和工作建議。

我們假設商家的另一部分業務將涉及到旅遊目的地的諮詢。在一個例子中，我們將幫助飯店去識別有影響力的訪客，然後應該針對那些商家做異業合作。

資料匯入

有許多不同的方法可以將資料匯入 Neo4j，包括我們在前面的章節中已經看到過的 Import 工具（*https://bit.ly/2UTx26g*）、LOAD CSV 命令（*https://bit.ly/2CCfcgR*），以及 Neo4j 驅動程式（*https://bit.ly/2JDAr7U*）。

對於 Yelp 資料集，我們需要一次就匯入大量資料，因此 Import 工具是最佳選擇。更多詳情請參見第 234 頁的「Neo4j 整批資料導入和 Yelp 資料集合」。

圖形模型

Yelp 資料顯示在圖 7-2 的圖形模型中。

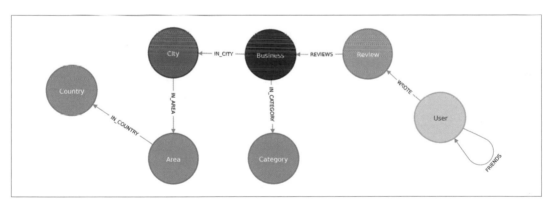

圖 7-2 Yelp 圖形模型。

我們的圖形包含 User 節點，這些節點與其他使用者有 FRIENDS 關係。User 還撰寫關於 Business 的 Review 和提示。除了 Business 分類之外，其他所有描述資料（metadata）都以節點的屬性儲存，Business 商家類別由獨立的 Category 節點表示。對於位置資料，我們已經將 City、Area、Country 屬性提取到子圖形中。在其他使用情境下，也可能需要將其他屬性變成節點（如日期）或將節點折疊成為關係（如 review 節點）。

Yelp 資料集還包括使用者提示和照片，但我們不會在範例中使用這些提示和照片。

概述 Yelp 資料

一旦將資料載入到 Neo4j 中，我們將執行一些探索性查詢。我們將詢問每個商家類別中有多少個節點，或者存在哪些類型的關係，以瞭解 Yelp 資料。之前我們已經示範過 Neo4j 中的 Cypher 查詢，但我們可能會想用另一種程式設計語言執行這些查詢。由於 Python 是資料科學家的入門語言，因此我們將在本節中使用 Neo4j 的 Python 驅動程式，將結果連接到來自 Python 生態系統的其他函式庫。如果我們只想顯示查詢的結果，我們將直接使用 Cypher。

我們也會展示如何將 Neo4j 與流行的 pandas 函式庫相結合，pandas 函式庫能在資料庫外做有效率的資料角力（data wrangling）。我們也將使用表格函式庫來美化我們從 pandas 那裡得到的結果，以及如何使用 matplotlib 建立資料的視覺化表示。

我們還將使用 Neo4j 的 APOC 函式庫，來幫助我們撰寫更強大的 Cypher 查詢。關於 APOC 的更多資訊，請參見第 235 頁的「APOC 和其他 Neo4j 工具」。

首先讓我們安裝 Python 函式庫：

```
pip install neo4j-driver tabulate pandas matplotlib
```

一旦完成，我們將導入這些函式庫：

```
from neo4j.v1 import GraphDatabase
import pandas as pd
from tabulate import tabulate
```

在 macOS 上導入 matplotlib 可能很麻煩，但是下面的幾行應該可以克服問題：

```
import matplotlib
matplotlib.use('TkAgg')
import matplotlib.pyplot as plt
```

如果您在其他作業系統上執行，則可能不需要中間那一行。現在，讓我們建出一個 Neo4j 驅動程式實例，指向本地 Neo4j 資料庫：

```
driver = GraphDatabase.driver("bolt://localhost", auth=("neo4j", "neo"))
```

請改為使用你自己的主機和帳號，你需要更改上述驅動程式的初始化程式。

在開始以前，我們先來看一些節點和關係的數量資訊。以下的程式碼會計算資料庫中，所有節點標籤的總量（即為每個標籤計算有多少節點數量）：

```
result = {"label": [], "count": []}
with driver.session() as session:
    labels = [row["label"] for row in session.run("CALL db.labels()")]
    for label in labels:
        query = f"MATCH (:`{label}`) RETURN count(*) as count"
        count = session.run(query).single()["count"]
        result["label"].append(label)
        result["count"].append(count)

df = pd.DataFrame(data=result)
print(tabulate(df.sort_values("count"), headers='keys',
                                tablefmt='psql', showindex=False))
```

執行程式碼，我們將會看到每個標籤的節點數量：

label	count
Country	17
Area	54
City	1093
Category	1293
Business	174567
User	1326101
Review	5261669

用下面的程式碼，我們也可以為這些總量建立視覺化呈現：

```
plt.style.use('fivethirtyeight')

ax = df.plot(kind='bar', x='label', y='count', legend=None)

ax.xaxis.set_label_text("")
plt.yscale("log")
plt.xticks(rotation=45)
plt.tight_layout()
plt.show()
```

可以在圖 7-3 中看到由這段程式所產生的圖表，請注意這張表使用的是對數比例尺。

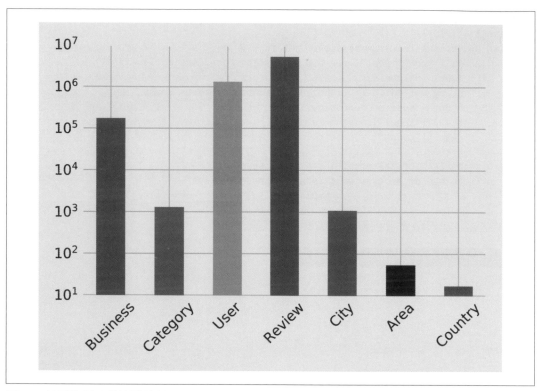

圖 7-3 按標籤劃分的節點總數。

同樣地，我們也可以計算關係的總量：

```
result = {"relType": [], "count": []}
with driver.session() as session:
    rel_types = [row["relationshipType"] for row in session.run
                          ("CALL db.relationshipTypes()")]
    for rel_type in rel_types:
        query = f"MATCH ()-[:`{rel_type}`]->() RETURN count(*) as count"
        count = session.run(query).single()["count"]
        result["relType"].append(rel_type)
        result["count"].append(count)

df = pd.DataFrame(data=result)
print(tabulate(df.sort_values("count"), headers='keys',
                          tablefmt='psql', showindex=False))
```

執行程式碼，我們將會看到關係型態的總數量：

relType	count
IN_COUNTRY	54
IN_AREA	1154
IN_CITY	174566
IN_CATEGORY	667527
WROTE	5261669
REVIEWS	5261669
FRIENDS	10645356

我們可以在圖 7-4 中看到總量圖表，與節點總量圖表一樣，此圖表使用的是日誌比例。

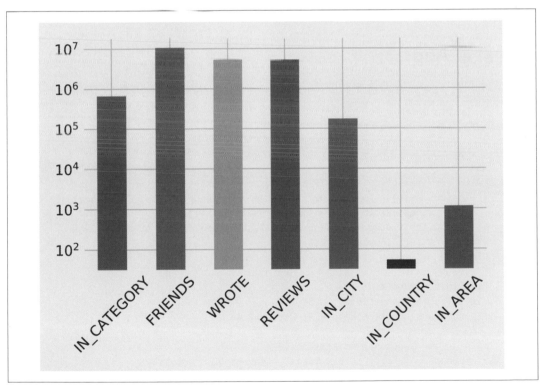

圖 7-4 按關係類型劃分的關係總數。

這些查詢不會顯示出任何令人驚訝的內容，但它們對瞭解資料、取得一種初步的概念很有用。這還可以快速檢查資料是否正確導入。

我們假設 Yelp 有很多飯店評論，但是在我們關注飯店這個行業之前，先做一下查看是有意義的。我們可以透過執行以下查詢，來瞭解資料中有多少飯店以及它們各有多少評論：

```
MATCH (category:Category {name: "Hotels"})
RETURN size((category)<-[:IN_CATEGORY]-()) AS businesses,
       size((:Review)-[:REVIEWS]->(:Business)-[:IN_CATEGORY]->
                                  (category)) AS reviews
```

結果：

businesses	reviews
2683	183759

我們看到合作的飯店很多，評論也很多！ 在下一節中，我們將進一步探討與飯店相關的資料。

旅行計畫 App

為了在我們的 App 中添加受歡迎的飯店推薦，我們首先找到最受歡迎的飯店，作為預約的熱門選擇。我們可以加上飯店的好評程度，讓人瞭解實際住宿體驗。為了要找到評論數最多的前 10 家飯店，並繪製它們的等級分布，我們可以使用以下程式：

```python
# 找到評論數最多的前 10 家飯店
query = """
MATCH (review:Review)-[:REVIEWS]->(business:Business),
      (business)-[:IN_CATEGORY]->(category:Category {name: $category}),
      (business)-[:IN_CITY]->(:City {name: $city})
RETURN business.name AS business, collect(review.stars) AS allReviews
ORDER BY size(allReviews) DESC
LIMIT 10
"""
fig = plt.figure()
fig.set_size_inches(10.5, 14.5)
fig.subplots_adjust(hspace=0.4, wspace=0.4)

with driver.session() as session:
    params = { "city": "Las Vegas", "category": "Hotels"}
    result = session.run(query, params)
    for index, row in enumerate(result):
        business = row["business"]
        stars = pd.Series(row["allReviews"])

        total = stars.count()
        average_stars = stars.mean().round(2)
```

```
# 計算星級分布
stars_histogram = stars.value_counts().sort_index()
stars_histogram /= float(stars_histogram.sum())
# 繪製一張顯示星級分布的長條圖

ax = fig.add_subplot(5, 2, index+1)
stars_histogram.plot(kind="bar", legend=None, color="darkblue",
                     title=f"{business}\nAve:
                          {average_stars}, Total: {total}")

    plt.tight_layout()
    plt.show()
```

我們利用限定城市和飯店分類來鎖定 Las Vegas 地區的飯店，執行程式碼就會得到圖 7-5 中的圖表。請注意，X 軸代表飯店的星級，Y 軸代表每個等級的總百分比。

這些飯店的評論超過任何人會讀的數量，最好是只向使用者顯示相關評論，並在我們的 app 上使它們更加突出。為了要做這個分析，我們將從基本的圖形探索轉向使用圖形演算法。

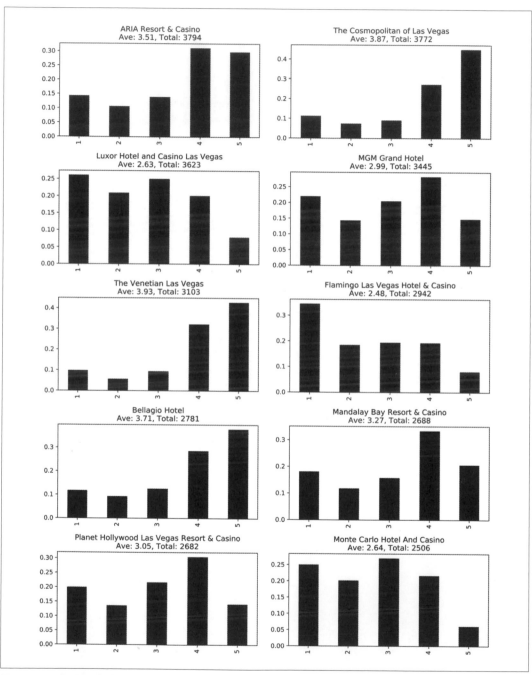

圖 7-5 10 家評論最多的飯店，X 軸是星級數量，Y 軸上的總體評分百分比。

找到有影響力的飯店評論人

一種來決定發佈哪些評論的方法，是根據評論人在 Yelp 的影響力，取得排序在最前面的評論。我們將執行 PageRank 演算法，對所有瀏覽過至少三家飯店的使用者的投射圖進行搜索。還記得在前面的章節中，用投射圖幫助過濾不必要的資訊，並添加關係資料（有時是推斷的）。我們將使用 Yelp 的朋友圖形（在第 150 頁的「Yelp 社交網路」小節介紹過）作為使用者之間的關係。PageRank 演算法將找到那些對更多使用者有更大影響力的評論者，即使他們不是直接的朋友。

如果兩個人是朋友，他們之間有兩種 FRIENDS 關係。例如，如果 A 和 B 是朋友，那麼 A 和 B 之間會有 FRIENDS 關係，B 和 A 之間會有 FRIENDS 關係。

我們需要撰寫一個查詢，將做過三個以上評論的使用者投射使用者子圖形，然後在投射的子圖形上執行 PageRank 演算法。

舉個小例子，會更容易理解子圖形投射是如何工作的。圖 7-6 顯示了 Mark、Arya 和 Praveena 三個人共同交友圈關係圖。Mark 和 Pravena 都對三家飯店進行了評價，將成為投射圖的一部分。另一方面，Arya 只評價了一家飯店，因此將被排除在投射圖之外。

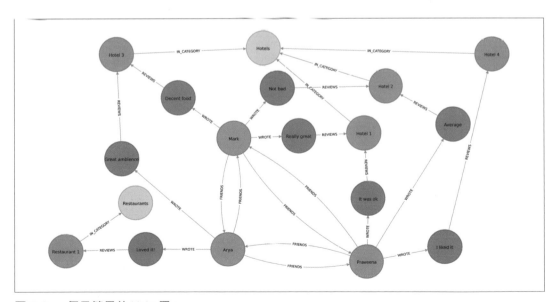

圖 7-6 一個示範用的 Yelp 圖。

我們的投射圖將只包括 Mark 和 Pravena，如圖 7-7 所示。

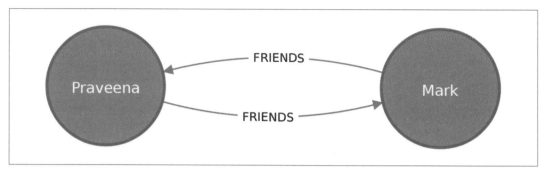

圖 7-7 我們的示範投射圖。

現在我們已經瞭解了圖形投射是怎麼回事了，所以繼續前進吧！下面的查詢會對我們的投射圖執行 PageRank 演算法，並且將結果儲存在節點的 **hotelPageRank** 屬性中：

```
CALL algo.pageRank(
  'MATCH (u:User)-[:WROTE]->()-[:REVIEWS]->()-[:IN_CATEGORY]->
                              (:Category {name: $category})
   WITH u, count(*) AS reviews
   WHERE reviews >= $cutOff
   RETURN id(u) AS id',
  'MATCH (u1:User)-[:WROTE]->()-[:REVIEWS]->()-[:IN_CATEGORY]->
                              (:Category {name: $category})
   MATCH (u1)-[:FRIENDS]->(u2)
   RETURN id(u1) AS source, id(u2) AS target',
  {graph: "cypher", write: true, writeProperty: "hotelPageRank",
   params: {category: "Hotels", cutOff: 3}}
)
```

你也許已注意到，查詢中沒有設定阻尼因數，也沒有設定第 5 章中討論過的最大迭代限制。如果未明確設置的話，Neo4j 預設阻尼係數為 **0.85**，最大迭代次數 **maxIterations** 值設置為 20。

現在讓我們看看 PageRank 值的分布情況，這樣我們就會知道如何做資料過濾：

```
MATCH (u:User)
WHERE exists(u.hotelPageRank)
RETURN count(u.hotelPageRank) AS count,
       avg(u.hotelPageRank) AS ave,
       percentileDisc(u.hotelPageRank, 0.5) AS `50%`,
       percentileDisc(u.hotelPageRank, 0.75) AS `75%`,
       percentileDisc(u.hotelPageRank, 0.90) AS `90%`,
```

```
percentileDisc(u.hotelPageRank, 0.95) AS `95%`,
percentileDisc(u.hotelPageRank, 0.99) AS `99%`,
percentileDisc(u.hotelPageRank, 0.999) AS `99.9%`,
percentileDisc(u.hotelPageRank, 0.9999) AS `99.99%`,
percentileDisc(u.hotelPageRank, 0.99999) AS `99.999%`,
percentileDisc(u.hotelPageRank, 1) AS `100%`
```

執行查詢，我們將得到以下結果：

count	ave	50%	75%	90%	95%	99%	99.9%	99.99%	99.999%	100%
1326101	0.1614898	0.15	0.15	0.157497	0.181875	0.330081	1.649511	6.825738	15.27376	22.98046

這張百分比表是這麼解讀的，90% 那一欄值 0.157497，代表 90% 的使用者的 PageRank 得分很低。99.99% 那欄反映了前 0.01% 評論者的影響等級，100% 那欄只反應出最高的 PageRank 分數。

有趣的是，我們 90% 的使用者的得分低於 0.16，與總體平均值接近— 並且僅略高於 PageRank 演算法初始化的 0.15。看起來資料呈現冪律分配，非常有影響力的評論家僅有少數幾位。

因為我們只想找到最有影響力的使用者，所以我們將撰寫一個查詢來查找 PageRank 得分在前 0.001% 的使用者。下面的查詢可以找到 PageRank 得分高於 1.64951（即 99.9% 分位數）的評論者：

```
// 只去找 hotelPageRank 得分在前 0.001% 的使用者
MATCH (u:User)
WHERE u.hotelPageRank >  1.64951

// 再從這些使用者中找出前 10 名
WITH u ORDER BY u.hotelPageRank DESC
LIMIT 10

RETURN u.name AS name,
       u.hotelPageRank AS pageRank,
       size((u)-[:WROTE]->()-[:REVIEWS]->()-[:IN_CATEGORY]->
           (:Category {name: "Hotels"})) AS hotelReviews,
       size((u)-[:WROTE]->()) AS totalReviews,
       size((u)-[:FRIENDS]-()) AS friends
```

執行該查詢，將會得到以下結果：

name	pageRank	hotelReviews	totalReviews	friends
Phil	17.361242	15	134	8154
Philip	16.871013	21	620	9634
Carol	12.416060999999997	6	119	6218
Misti	12.239516000000004	19	730	6230
Joseph	12.003887499999998	5	32	6596
Michael	11.460049	13	51	6572
J	11.431505999999997	103	1322	6498
Abby	11.376136999999998	9	82	7922
Erica	10.993773	6	15	7071
Randy	10.748785999999999	21	125	7846

這個結果顯示 Phil 是最有價質的評論者，雖然他並沒有對很多飯店作出評論，但他可能和一些很有影響力的人有關係，但如果我們想製作一個最新評論系列，他可能不是最好的選擇。Philip 的分數稍低，但朋友最多，寫評論的次數比 Phil 多五倍。雖然 J 寫的評論最多，而且有相當數量的朋友，但 J 的 PageRank 分數並不是最高的——但他仍然在前 10 名。對於我們的 app，我們選擇顯示來自 Phil、Philip 和 J 的好評飯店，這樣一來就混合了適當的影響力和評論數量的組合。

既然我們已經利用相關評論改進了我們的 app 內出現的推薦，那麼讓我們再去看我們的另一種生意：提供諮詢。

旅遊商業顧問

我們顧問服務的一部分，就是當有影響力的客人寫下他們的住宿經驗時，飯店會收到通知，以便他們採取任何必要的行動。首先，讓我們先看看 Bellagio 飯店得到的評論，將這些評論依評論者的影響力進行排序：

```
query = """\
MATCH (b:Business {name: $hotel})
MATCH (b)<-[:REVIEWS]-(review)<-[:WROTE]-(user)
WHERE exists(user.hotelPageRank)
RETURN user.name AS name,
       user.hotelPageRank AS pageRank,
       review.stars AS stars
"""

with driver.session() as session:
```

```
    params = { "hotel": "Bellagio Hotel" }
    df = pd.DataFrame([dict(record) for record in session.run(query, params)])
    df = df.round(2)
    df = df[["name", "pageRank", "stars"]]

top_reviews = df.sort_values(by=["pageRank"], ascending=False).head(10)
print(tabulate(top_reviews, headers='keys', tablefmt='psql', showindex=False))
```

我們執行程式後，會得到以下的結果：

name	pageRank	starts
Misti	12.239516000000004	5
Michael	11.460049	4
J	11.431505999999997	5
Erica	10.993773	4
Christine	10.740770499999998	4
Joremy	9.576763499999998	5
Connie	9.118103499999998	6
Joyce	7.621449000000001	4
Henry	7.290146	5
Flora	6.7570075	4

請注意這裡的結果，和前面依最具影響力的評論者所得出的結果不同。這是因為在這裡我們只看曾評論過 Bellagio 飯店的評論者。

Bellagio 飯店客戶服務團隊的情況看起來做得不錯——前 10 位有影響力的客人都將飯店評分為良好級別。Bellagio 飯店可能希望鼓勵這些客人再次造訪，並分享他們的經歷。

有影響力的客人是否給出過不太好經驗呢？我們可以用以下的程式碼，找出擁有高 PageRank 值的人，但這些人卻給出低於 4 星的評價：

```
query = """\
MATCH (b:Business {name: $hotel})
MATCH (b)<-[:REVIEWS]-(review)<-[:WROTE]-(user)
WHERE exists(user.hotelPageRank) AND review.stars < $goodRating
RETURN user.name AS name,
       user.hotelPageRank AS pageRank,
       review.stars AS stars
"""

with driver.session() as session:
    params = { "hotel": "Bellagio Hotel", "goodRating": 4 }
```

```
    df = pd.DataFrame([dict(record) for record in session.run(query, params)])
    df = df.round(2)
    df = df[["name", "pageRank", "stars"]]

    top_reviews = df.sort_values(by=["pageRank"], ascending=False).head(10)
    print(tabulate(top_reviews, headers='keys', tablefmt='psql', showindex=False))
```

執行程式碼，將會得到以下結果：

name	pageRank	starts
Chris	5.84	3
Lorrie	4.95	2
Dani	3.47	1
Victor	3.35	3
Francine	2.93	3
Rex	2.79	2
Jon	2.55	3
Rachel	2.47	3
Leslie	2.46	2
Benay	2.46	3

給 Bellagio 飯店低分的客人中，Chris 和 Lorrie 是 rank 值最高的客人，他們是前 1,000 名最具影響力的客人（根據我們之前查詢結果）之一，所以也需要對他們進行個別的訪談瞭解。而且，由於許多評論者在住宿期間就寫下了評論，所以對即時提醒飯店具影響力客人的評論，或許可以促進一些正向的交流。

Bellagio 飯店異業合作

在我們幫助 Bellagio 飯店找到有影響力的評論者後，Bellagio 現在要求我們利用找到人脈廣泛的客戶，決定要和哪些不同的商家進行異業合作。在此方案中，我們建議 Bellagio 飯店進行藍海策略，透過吸引來自不同類型群組的新客人來增加客戶群。我們可以使用之前討論過的介數中心性演算法來計算出哪些 Bellagio 評論者不僅在整個 Yelp 網路中有很好的聯繫，而且還可以作為不同群組之間的橋樑。

我們只想在找到 Las Vegas 有影響力的人，所以我們首先要標記這些使用者：

```
MATCH (u:User)
WHERE exists((u)-[:WROTE]->()-[:REVIEWS]->()-[:IN_CITY]->
                            (:City {name: "Las Vegas"}))
SET u:LasVegas
```

在我們的 Las Vegas 使用者集合上執行介數中心性演算法需要很長時間，因此我們要選用 Ra-Brandes 變體。該演算法透過採樣點計算介數值，而且最短路徑只搜索到一定深度。

經過一些實驗之後，我們改變了一些預設參數值，以提昇結果的品質。我們將使用最多 4 個跳躍點（maxDepth 為 4）的最短路徑，並對 20% 的節點進行採樣（probability 為 0.2）。請注意，增加跳躍點和提高採樣節點的數量通常會提高精度，但需要花費更多的時間來計算結果。對於任何特定的問題，通常需要測試來確定收益遞減點，以得到最優參數。

以下的查詢將會執行演算法，並會將得到的結果儲存在 bwtween 屬性中：

```
CALL algo.betweenness.sampled('LasVegas', 'FRIENDS',
  {write: true, writeProperty: "between", maxDepth: 4, probability: 0.2}
)
```

在我們把這些分數用在我們的查詢之前，來進行一次快速的探索查詢，看看所拿到分數的分布為何：

```
MATCH (u:User)
WHERE exists(u.between)
RETURN count(u.between) AS count,
       avg(u.between) AS ave,
       toInteger(percentileDisc(u.between, 0.5)) AS `50%`,
       toInteger(percentileDisc(u.between, 0.75)) AS `75%`,
       toInteger(percentileDisc(u.between, 0.90)) AS `90%`,
       toInteger(percentileDisc(u.between, 0.95)) AS `95%`,
       toInteger(percentileDisc(u.between, 0.99)) AS `99%`,
       toInteger(percentileDisc(u.between, 0.999)) AS `99.9%`,
       toInteger(percentileDisc(u.between, 0.9999)) AS `99.99%`,
       toInteger(percentileDisc(u.between, 0.99999)) AS `99.999%`,
       toInteger(percentileDisc(u.between, 1)) AS p100
```

執行查詢，我們會得到以下結果：

count	ave	50%	75%	90%	95%	99%	99.9%	99.99%	99.999%	100%
506028	320538.6014	0	10005	318944	1001655	4436409	34854988	214080923	621434012	1998032952

我們半數以上的使用者得分都是 0，代表他們的連結性並不好。前 1 個百分位數（99% 那一欄）表示我們的 500,000 個使用者之間至少有 400 萬條最短路徑。綜上所述，我們知道我們的大多數使用者連接不良，而且少數一些使用者控制了大部分資訊；這是小世界網路的典型行為。

利用以下的查詢，我們可以找出超級連結者有哪些：

```
MATCH(u:User)-[:WROTE]->()-[:REVIEWS]->(:Business {name:"Bellagio Hotel"})
WHERE exists(u.between)
RETURN u.name AS user,
       toInteger(u.between) AS betweenness,
       u.hotelPageRank AS pageRank,
       size((u)-[:WROTE]->()-[:REVIEWS]->()-[:IN_CATEGORY]->
                            (:Category {name: "Hotels"}))
       AS hotelReviews
ORDER BY u.between DESC
LIMIT 10
```

得到結果如下：

user	betweenness	pageRank	hotelReviews
Misti	841707563	12.239516000000004	19
Christine	236269693	10.740770499999998	16
Erica	235806844	10.993773	6
Mike	215534452	NULL	2
J	192155233	11.431505999999997	103
Michael	161335816	5.105143	31
Jeremy	160312436	9.576763499999998	6
Michael	139960910	11.460049	13
Chris	136697785	5.838922499999999	5
Connie	133372418	9.118103499999998	7

我們看到同一群人，之前也出現在做 PageRank 查詢的結果中，只有 Mike 這傢伙是個有趣的異類，因為他沒有審查足夠的飯店（排除三家以下），但他似乎在 Las Vegas 區的 Yelp 使用者世界中有相當好的聯繫。

為了接觸更多樣的客戶，我們將查看這些「連接者」的其他偏好，以瞭解我們應該推廣什麼。這一批人中的多數，也對餐廳作過評論，所以我們寫了以下的查詢，幫我們找出他們最喜歡哪些餐廳：

```
// 找出評價過 Bellagio 飯店的前 50 人
MATCH (u:User)-[:WROTE]->()-[:REVIEWS]->(:Business {name:"Bellagio Hotel"})
WHERE u.between > 4436409
WITH u ORDER BY u.between DESC LIMIT 50

// 從這些人中，找出他們曾在 Las Vegas 評論過的餐廳
MATCH (u)-[:WROTE]->(review)-[:REVIEWS]-(business)
WHERE (business)-[:IN_CATEGORY]->(:Category {name: "Restaurants"})
```

```
AND    (business)-[:IN_CITY]->(:City {name: "Las Vegas"})

// 只保留這些人做過三次評價以上的餐廳
WITH business, avg(review.stars) AS averageReview, count(*) AS numberOfReviews
WHERE numberOfReviews >= 3

RETURN business.name AS business, averageReview, numberOfReviews
ORDER BY averageReview DESC, numberOfReviews DESC
LIMIT 10
```

這個查詢會找到我們擁有前 50 影響力的連結者,然後再找出他們曾經評論過 3 次位於 Las Vegas 的餐廳。如果你執行這個查詢,那麼就會看到結果如下:

business	averageReivew	numberOfReviews
Jean Georges Steakhouse	5.0	6
Sushi House Goyemon	5.0	6
Art of Flavors	5.0	4
é by José Andrés	5.0	4
Parma By Chef Marc	5.0	4
Yonaka Modern Japanese	5.0	4
Kabuto	5.0	4
Harvest by Roy Ellamar	5.0	3
Portofino by Chef Michael LaPlaca	5.0	3
Montesano's Eateria	5.0	3

現在我們已經知道要建議 Bellagio 飯店可以和這些飯店進行異業合作,這樣就可以吸引到群組中之前沒有接觸過的新客人。幫 Bellagio 飯店評過分的超級連接者,成為我們的一個橋樑,透過他們可以估計出哪些餐館可能吸引到新類型目標客人。

既然我們已經幫助 Bellagio 飯接觸到了新的群體,我們將瞭解如何使用社群偵測來進一步改進我們的 app。

找到相似的群組

當我們的最終使用者使用 app 查找飯店時,我們希望顯示他們可能感興趣的其他商家。Yelp 資料集包含 1000 多個商家類別,其中一些類別似乎類似。我們將使用這種相似性為我們的使用者可能會感興趣的新業務提供應用內建議。

我們的圖形模型在類別之間沒有任何關系,但是我們可以使用第 24 頁「單組成、雙組成和 k- 組成圖形」中描述的思想,根據商家對自己做的分類來構建類別相似性圖形。

例如，假設商家將自己歸類為 Hotels 和 Historical Tours 兩種分類中，如圖 7-8 所示。

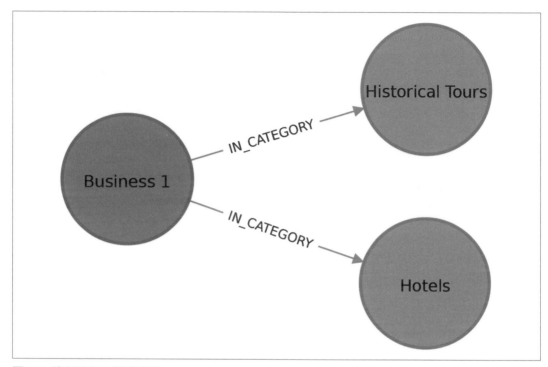

圖 7-8 擁有兩個分類的商家。

這可以做出一個投射圖，在 Hotels 和 Historical Tours 之間具有一個連結，其連結權重為 1，如圖 7-9 所示。

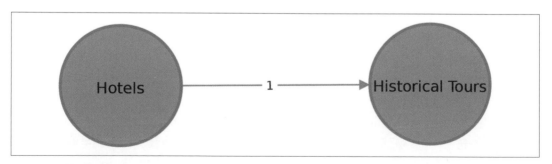

圖 7-9 投射分類圖形。

這個情況下，我們不需要建立相似度圖──相反地，我們可以在投射相似度圖上，執行如標籤傳播這種社群檢測演算法。使用標籤傳播可以有效率的將最相近的商家集成一個超分類群組：

```
CALL algo.labelPropagation.stream(
  'MATCH (c:Category) RETURN id(c) AS id',
  'MATCH (c1:Category)<-[:IN_CATEGORY]-()-[:IN_CATEGORY]->(c2:Category)
  WHERE id(c1) < id(c2)
  RETURN id(c1) AS source, id(c2) AS target, count(*) AS weight',
  {graph: "cypher"}
)
YIELD nodeId, label
MATCH (c:Category) WHERE id(c) = nodeId
MERGE (sc:SuperCategory {name: "SuperCategory-" + label})
MERGE (c)-[:IN_SUPER_CATEGORY]->(sc)
```

讓我們為這些超分類群組取一個友善點的名字──以它們之中最大的分類為名：

```
MATCH (sc:SuperCategory)<-[:IN_SUPER_CATEGORY]-(category)
WITH sc, category, size((category)<-[:IN_CATEGORY]-()) as size
ORDER BY size DESC
WITH sc, collect(category.name)[0] as biggestCategory
SET sc.friendlyName = "SuperCat " + biggestCategory
```

我們在圖 7-10 中可以看到示範用的分類群組以及超分類群組：

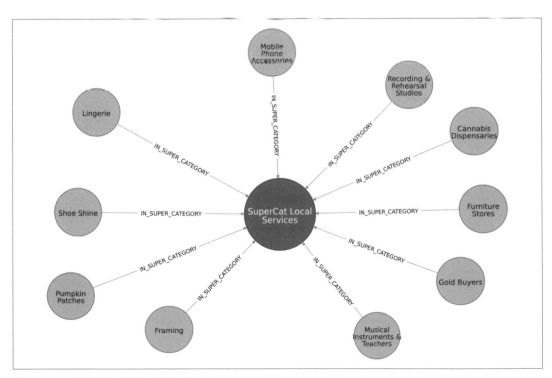

圖 7-10 分類群組以及超分類群組。

以下的查詢能找出在 Las Vegas 地區，與 Hotels 分類最相近的分類：

```
MATCH (hotels:Category {name: "Hotels"}),
      (lasVegas:City {name: "Las Vegas"}),
      (hotels)-[:IN_SUPER_CATEGORY]->()<-[:IN_SUPER_CATEGORY]-
                                          (otherCategory)
RETURN otherCategory.name AS otherCategory,
       size((otherCategory)<-[:IN_CATEGORY]-(:Business)-
                              [:IN_CITY]->(lasVegas)) AS businesses
ORDER BY count DESC
LIMIT 10
```

如果我們執行查詢，將會看到以下結果：

otherCategory	businesses
Tours	189
Car Rental	160
Limos	84
Resorts	73
Airport Shuttles	52
Taxis	35
Vacation Rentals	29
Airports	25
Airlines	23
Motorcycle Rental	19

結果看起來怪怪的嗎？顯然，計程車（Texis）和旅遊（Tours）不是飯店，但請記住，這些是基於商家自認的分類。標籤傳播演算法真正向我們展示的是這個相似群組中，擁有相關連續的業務和服務。

現在，讓我們從這些分類中，找出一些評價高於某個平均值的商家：

```
// 在 Las Vegas 地區找出和 Hotels 在同一個超分類群組的商家
MATCH (hotels:Category {name: "Hotels"}),
      (hotels)-[:IN_SUPER_CATEGORY]->()<-[:IN_SUPER_CATEGORY]-
                                          (otherCategory),
      (otherCategory)<-[:IN_CATEGORY]-(business)
WHERE (business)-[:IN_CITY]->(:City {name: "Las Vegas"})

// 選取 10 個隨機分類，並計算第 90 百分位的星等
WITH otherCategory, count(*) AS count,
     collect(business) AS businesses,
     percentileDisc(business.averageStars, 0.9) AS p90Stars
```

```
ORDER BY rand() DESC
LIMIT 10

// 使用樣式包含式，從每個分類中選取評分高於 90 百分位平均的商家
WITH otherCategory, [b in businesses where b.averageStars >= p90Stars]
                    AS businesses

// 從每個分類中選取一個商家
WITH otherCategory, businesses[toInteger(rand() * size(businesses))] AS business

RETURN otherCategory.name AS otherCategory,
       business.name AS business,
       business.averageStars AS averageStars
```

在這個查詢中，我們首次使用樣式包含式（*https://bit.ly/2HRa1gr*）。樣式包含式是一種根據樣式匹配，建立 list 的語法結構。它使用 MATCH 子句和 WHERE 子句作為謂詞查找指定的樣式，然後生成自訂投射圖。這個 Cypher 功能是被 API 查詢語言 GraphQL（*https://graphql.org*）啟發而添加的。

如果我們執行查詢的話，會得到結果如下：

otherCategory	business	averageStars
Motorcycle Rental	Adrenaline Rush Slingshot Rentals	5.0
Snorkeling	Sin City Scuba	5.0
Guest Houses	Hotel Del Kacvinsky	5.0
Car Rental	The Lead Team	5.0
Food Tours	Taste BUZZ Food Tours	5.0
Airports	Signature Flight Support	5.0
Public Transportation	JetSuiteX	4.6875
Ski Resorts	Trikke Las Vegas	4.833333333333332
Town Car Service	MW Travel Vegas	4.866666666666665
Campgrounds	McWilliams Campground	3.875

我們可以根據使用者正在操作 app 的動作，做出即時的推薦。例如，當使用者查看 Las Vegas 飯店時，我們現在可以突出顯示具有良好評級的各種臨近 Las Vegas 商家。我們可以將這些方法推廣到任何地方的任何商家類別，如餐館或劇院。

用 Apache Spark 分析航班資料

在本節中，我們將使用 Apache Spark 分析航空公司航班資料的圖形演算法，使用不同的假設場景來展示使用 Spark 分析美國機場的資料。假設你是一個行程很滿的資料科學家，想深入瞭解航空公司航班和航班延誤的資訊。我們首先將研究機場和航班資訊，然後深入研究兩個特定機場的延誤情況。將用社群偵檢測來分析路線，聰明地使用我們的飛行哩程。

美國交通統計局（US Bureau of Transportation Statistics）提供了大量的交通資訊（*https://bit.ly/2Fy0GHA*）。為了進行分析，我們將使用他們 2018 年 5 月的航空旅行準點效率資料，資料中包括當月從美國起飛和抵達美國的航班。為了要加上更多關於機場的詳細資訊，例如位置資訊，所以我們還會從另外一個資料來源 OpenFlights（*https://bit.ly/2Frv8TO*）載入資料。

讓我們把資料載入 Spark。與前幾節中的情況一樣，我們的資料是 CSV 檔，可在本書的 Github repository（*https://bit.ly/2FPgGVV*）上找到。

```
nodes = spark.read.csv("data/airports.csv", header=False)

cleaned_nodes = (nodes.select("_c1", "_c3", "_c4", "_c6", "_c7")
                 .filter("_c3 = 'United States'")
                 .withColumnRenamed("_c1", "name")
                 .withColumnRenamed("_c4", "id")s
                 .withColumnRenamed("_c6", "latitude")
                 .withColumnRenamed("_c7", "longitude")
                 .drop("_c3"))
cleaned_nodes = cleaned_nodes[cleaned_nodes["id"] != "\\N"]

relationships = spark.read.csv("data/188591317_T_ONTIME.csv", header=True)
```

```
cleaned_relationships = (relationships
                         .select("ORIGIN", "DEST", "FL_DATE", "DEP_DELAY",
                                 "ARR_DELAY", "DISTANCE", "TAIL_NUM", "FL_NUM",
                                 "CRS_DEP_TIME", "CRS_ARR_TIME",
                                 "UNIQUE_CARRIER")
                         .withColumnRenamed("ORIGIN", "src")
                         .withColumnRenamed("DEST", "dst")
                         .withColumnRenamed("DEP_DELAY", "deptDelay")
                         .withColumnRenamed("ARR DELAY", "arrDelay")
                         .withColumnRenamed("TAIL_NUM", "tailNumber")
                         .withColumnRenamed("FL_NUM", "flightNumber")
                         .withColumnRenamed("FL_DATE", "date")
                         .withColumnRenamed("CRS_DEP_TIME", "time")
                         .withColumnRenamed("CRS_ARR_TIME", "arrivalTime")
                         .withColumnRenamed("DISTANCE", "distance")
                         .withColumnRenamed("UNIQUE_CARRIER", "airline")
                         .withColumn("deptDelay",
                             F.col("deptDelay").cast(FloatType()))
                         .withColumn("arrDelay",
                             F.col("arrDelay").cast(FloatType()))
                         .withColumn("time", F.col("time").cast(IntegerType()))
                         .withColumn("arrivalTime",
                             F.col("arrivalTime").cast(IntegerType()))
                         )

g = GraphFrame(cleaned_nodes, cleaned_relationships)
```

我們必須對節點進行一些清理，因為有些機場沒有有效的機場程式碼。我們將為這些欄位提供更具描述性的名稱，並將一些東西轉換為適當的數值類型。我們還需要確保有名為 id、dst 和 src 的欄，正如 Spark 的 GraphFrames 函式庫要求的那樣。

我們還將建出一個單獨的 DataFrame，將航空公司程式碼映射到航空公司名稱。我們將在本章後面使用到它：

```
airlines_reference = (spark.read.csv("data/airlines.csv")
    .select("_c1", "_c3")
    .withColumnRenamed("_c1", "name")
    .withColumnRenamed("_c3", "code"))

airlines_reference = airlines_reference[airlines_reference["code"] != "null"]
```

探索性分析

讓我們從一些探索性分析開始，看看資料是什麼樣子的。

首先，看看我們有多少個機場：

```
g.vertices.count()
```

```
1435
```

我們在這些機場之間有多少連接？

```
g.edges.count()
```

```
616529
```

繁忙的機場

哪個機場起飛的航班最多？我們可以使用分支中心性演算法計找出一個機場的出發航班數量：

```
airports_degree = g.outDegrees.withColumnRenamed("id", "oId")

full_airports_degree = (airports_degree
                        .join(g.vertices, airports_degree.oId == g.vertices.id)
                        .sort("outDegree", ascending=False)
                        .select("id", "name", "outDegree"))

full_airports_degree.show(n=10, truncate=False)
```

執行程式碼，將會看到以下結果：

id	name	outDegree
ATL	Hartsfield Jackson Atlanta International Airport	33837
ORD	Chicago O'Hare International Airport	28338
DFW	Dallas Fort Worth International Airport	23765
CLT	Charlotte Douglas International Airport	20251
DEN	Denver International Airport	19836
LAX	Los Angeles International Airport	19059
PHX	Phoenix Sky Harbor International Airport	15103
SFO	San Francisco International Airport	14934
LGA	La Guardia Airport	14709
IAH	George Bush Intercontinental Houston Airport	14407

大多數的美國大城市都榜上有名——Chicago、Atlanta、Los Angeles 以及 New York 都有熱門機場。我們還可以使用以下程式碼建出出發航班的視覺化表示：

```
plt.style.use('fivethirtyeight')

ax = (full_airports_degree
      .toPandas()
      .head(10)
      .plot(kind='bar', x='id', y='outDegree', legend=None))

ax.xaxis.set_label_text("")
plt.xticks(rotation=45)
plt.tight_layout()
plt.show()
```

產生的圖表見圖 7-11。

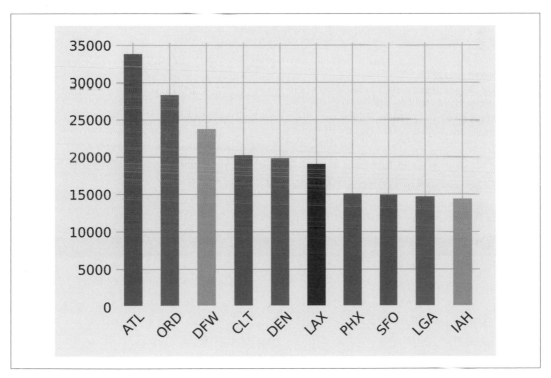

圖 7-11 出發航班數量。

航班數量急劇下降的情況令人驚訝。Denver 國際機場（Denver International Airport，DEN）是第五大最熱門的機場，其出發航班僅占排名第一的 Hartsfield Jackson Atlanta International Airport（ATL）的一半多一點而已。

ORD 機場造成的延誤

在我們的假設情境中，我們經常在西海岸和東海岸之間旅行，所以希望能看到 Chicago O'Hare International Airport（ORD）這樣的中間樞紐的延誤情況。這個資料集包含航班延誤資料，所以我們可以直接繼續看下去。

以下程式碼按目的地機場分組，找出從 ORD 出發航班的平均延誤時間：

```
delayed_flights = (g.edges
                   .filter("src = 'ORD' and deptDelay > 0")
                   .groupBy("dst")
                   .agg(F.avg("deptDelay"), F.count("deptDelay"))
                   .withColumn("averageDelay",
                               F.round(F.col("avg(deptDelay)"), 2))
                   .withColumn("numberOfDelays",
                               F.col("count(deptDelay)")))

(delayed_flights
 .join(g.vertices, delayed_flights.dst == g.vertices.id)
 .sort(F.desc("averageDelay"))
 .select("dst", "name", "averageDelay", "numberOfDelays")
 .show(n=10, truncate=False))
```

一旦我們計算了依目的地分組的平均延遲，我們就將生成的 Spark DataFrame 與包含所有節點的 DataFrame 連接起來，如此一來就可以列印目的地機場的全名。

執行此程式碼將回傳延遲最嚴重的 10 個目的地：

dst	name	averageDelay	numberOfDelays
CKB	North Central West Virginia Airport	145.08	12
OGG	Kahului Airport	119.67	9
MQT	Sawyer International Airport	114.75	12
MOB	Mobile Regional Airport	102.2	10
TTN	Trenton Mercer Airport	101.18	17
AVL	Asheville Regional Airport	98.5	28
ISP	Long Island Mac Arthur Airport	94.08	13
ANC	Ted Stevens Anchorage International Airport	83.74	23
BTV	Burlington International Airport	83.2	25
CMX	Houghton County Memorial Airport	79.18	17

這很有趣，但其中有一個數據很突出：從 ORD 到 CKB 的 12 次航班，平均都延誤超過 2 個小時！讓我們來找出這兩個機場間的航班，看看到底發生了什麼事：

```
from_expr = 'id = "ORD"'
to_expr = 'id = "CKB"'
ord_to_ckb = g.bfs(from_expr, to_expr)

ord_to_ckb = ord_to_ckb.select(
  F.col("e0.date"),
  F.col("e0.time"),
  F.col("e0.flightNumber"),
  F.col("e0.deptDelay"))
```

我們可以用以下的程式碼將航班畫成圖表：

```
ax = (ord_to_ckb
      .sort("date")
      .toPandas()
      .plot(kind='bar', x='date', y='deptDelay', legend=None))

ax.xaxis.set_label_text("")
plt.tight_layout()
plt.show()
```

如果執行程式碼，我們將得到如圖 7-12 中的圖表：

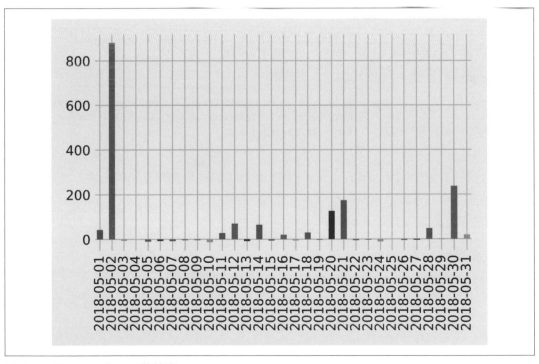

圖 7-12 從 ORD 到 CKB 的航班。

大約有一半的航班都延遲了，但 2018 年 5 月 2 日超過 14 小時的延遲造成平均水準嚴重扭曲。

如果我們想找出沿海機場進出延誤的航班該怎麼辦？這些機場經常受到惡劣天氣條件的影響，因此我們可能會發現一些值得注意的延誤。

SFO 機場天候不良的日子

讓我們看看 San Francisco International Airport（SFO）因為機場大霧造成 "低升空極限" 問題而引起的延誤。有一種分析方法是查看模體（*motif*），模體是一種遞迴式子圖形或樣式。

Neo4j 中的模體相當於圖形樣式，使用 MATCH 子句或 Cypher 中的樣式運算式可以找到圖形樣式。

GraphFrames 讓我們可以搜尋模體（*http://bit.ly/2TZQ89B*），因此我們可以使用航班結構作為查詢的一部分。讓我們用模體來找出 2018 年 5 月 11 日進出 San Francisco 延誤最久的航班。以下的程式碼會找出這些延誤的航班：

```
motifs = (g.find("(a)-[ab]->(b); (b)-[bc]->(c)")
          .filter("""(b.id = 'SFO') and
                  (ab.date = '2018-05-11' and bc.date = '2018-05-11') and
                  (ab.arrDelay > 30 or bc.deptDelay > 30) and
                  (ab.flightNumber = bc.flightNumber) and
                  (ab.airline = bc.airline) and
                  (ab.time < bc.time)"""))
```

模體 (a)-(ab)->(b);(b)-[bc]->(c) 可用來找出從同一個機場進出的航班，然後，我們對產出的樣式進行過濾，以找到符合以下三種條件的航班：

* 找出一種順序，這順序是前一個航班到達 SFO，後一個航班離開 SFO

* 到達或離開 SFO 時延誤超過 30 分鐘

* 同樣的班機號碼和航空公司

我們可以從結果中選出感興趣的列：

```
result = (motifs.withColumn("delta", motifs.bc.deptDelay - motifs.ab.arrDelay)
          .select("ab", "bc", "delta")
```

```
        .sort("delta", ascending=False))

result.select(
    F.col("ab.src").alias("a1"),
    F.col("ab.time").alias("a1DeptTime"),
    F.col("ab.arrDelay"),
    F.col("ab.dst").alias("a2"),
    F.col("bc.time").alias("a2DeptTime"),
    F.col("bc.deptDelay"),
    F.col("bc.dst").alias("a3"),
    F.col("ab.airline"),
    F.col("ab.flightNumber"),
    F.col("delta")
).show()
```

我們也計算抵達航班和離開航班之間的**時間差**，以確定哪些是真正在 SFO 造成的延誤。

如果執行這段程式碼，我們將得到以下結果：

airline	flightNumber	a1	a1DeptTime	arrDelay	a2	a2DeptTime	deptDelay	a3	delta
WN	1454	PDX	1130	-18.0	SFO	1350	178.0	BUR	196.0
OO	5700	ACV	1755	-9.0	SFO	2235	64.0	RDM	73.0
UA	753	BWI	700	-3.0	SFO	1125	49.0	IAD	52.0
UA	1900	ATL	740	40.0	SFO	1110	77.0	SAN	37.0
WN	157	BUR	1405	25.0	SFO	1600	39.0	PDX	14.0
DL	745	DTW	835	34.0	SFO	1135	44.0	DTW	10.0
WN	1783	DEN	1830	25.0	SFO	2045	33.0	BUR	8.0
WN	5789	PDX	1855	119.0	SFO	2120	117.0	DEN	-2.0
WN	1585	BUR	2025	31.0	SFO	2230	11.0	PHX	-20.0

犯案最嚴重的是 WN 1454，位在最上面一行；它到得早，但離開晚了近三個小時。我們還可以看到 arrDelay 列中有一些負值；這意味著航班提早抵達 SFO。

還請注意，有一些航班，如 WN 5789 和 WN 1585，在 SFO 的落地後彌補了時間，所以可以看到負的 delta 值。

雙向接駁機場

現在，假設我們已經旅行了很多次，而且我們決定用累積的飛行哩程，盡可能高效率地訪問更多目的地，然而這些哩程即將到期。如果我們使用同一家航空公司，從一個特定的美國機場出發，我們可以訪問多少個不同的機場，最後再回到開始的機場呢？

讓我們先找出所有的航空公司，算出每個航空公司有多少航班：

```
airlines = (g.edges
 .groupBy("airline")
 .agg(F.count("airline").alias("flights"))
 .sort("flights", ascending=False))

full_name_airlines = (airlines_reference
                        .join(airlines, airlines.airline
                            == airlines_reference.code)
                        .select("code", "name", "flights"))
```

現在讓我們建出一個長條圖，顯示我們的航空公司的航班數：

```
ax = (full_name_airlines.toPandas()
      .plot(kind='bar', x='name', y='flights', legend=None))

ax.xaxis.set_label_text("")
plt.tight_layout()
plt.show()
```

如果執行該查詢，將得到圖 7-13 中的輸出。

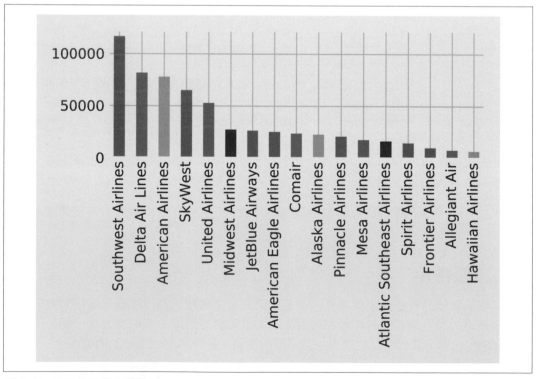

圖 7-13 航空公司的航班數量。

現在讓我們撰寫一個函式，它使用強連接元件演算法來查找每個航空公司的機場分組，其中的所有機場都能往返於該組中所有其他機場：

```
def find_scc_components(g, airline):
    # 建立一個子圖形，這個圖形只包括指定航空公司的航班
    airline_relationships = g.edges[g.edges.airline == airline]
    airline_graph = GraphFrame(g.vertices, airline_relationships)

    # 計算強連結元件
    scc = airline_graph.stronglyConnectedComponents(maxIter=10)

    # 找出最大元件的大小，並回傳該大小
    return (scc
        .groupBy("component")
        .agg(F.count("id").alias("size"))
        .sort("size", ascending=False)
        .take(1)[0]["size"])
```

我們可以撰寫以下程式碼，來建出一個 DataFrame，這個 DataFrame 包含每個航空公司及其最大的強連接元件中的機場數量：

```
# 建立一個子圖形，這個圖形只包括指定航空公司的航班
airline_scc = [(airline, find_scc_components(g, airline))
                for airline in airlines.toPandas()["airline"].tolist()]
airline_scc_df = Spark.createDataFrame(airline_scc, ['id', 'sccCount'])

# 將航空公司 DataFrame 和 SCC DataFrame 進行 join 動作
# 這樣一來，我們就可以顯示在最大元件中，
# 航空公司的航班數量以及可訪問的機場數量
airline_reach = (airline_scc_df
 .join(full_name_airlines, full_name_airlines.code == airline_scc_df.id)
 .select("code", "name", "flights", "sccCount")
 .sort("sccCount", ascending=False))
```

現在讓我們建出一個長條圖，顯示各航空公司的情況：

```
ax = (airline_reach.toPandas()
      .plot(kind='bar', x='name', y='sccCount', legend=None))

ax.xaxis.set_label_text("")
plt.tight_layout()
plt.show()
```

若執行該查詢，我們將會得到輸出如圖 7-14。

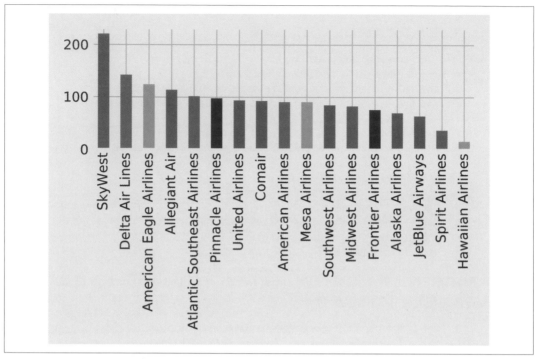

圖 7-14　各航空公司可到達機場的數量。

SkyWest 擁有最大的群組，有 200 多個強連結機場。這個結果部分反映了其作為聯盟航空的商業模式，聯盟航空運營的飛機可成為合作航空公司的航班。另一方面，Southwest 航空擁有最多的航班，但僅連接大約 80 個機場。

現在，讓我們假設我們擁有飛行哩程都是 Delta 航空（達美航空公司，DL）的哩程。我們能找出在指定航空公司網路內，形成群組的機場嗎？

```
airline_relationships = g.edges.filter("airline = 'DL'")
airline_graph = GraphFrame(g.vertices, airline_relationships)

clusters = airline_graph.labelPropagation(maxIter=10)
(clusters
 .sort("label")
 .groupby("label")
 .agg(F.collect_list("id").alias("airports"),
     F.count("id").alias("count"))
 .sort("count", ascending=False)
 .show(truncate=70, n=10))
```

如果我們執行該查詢，將會看到以下輸出：

label	airports	count
1606317768706	[IND, ORF, ATW, RIC, TRI, XNA, ECP, AVL, JAX, SYR, BHM, GSO, MEM, C...	89
1219770712067	[GEG, SLC, DTW, LAS, SEA, BOS, MSN, SNA, JFK, TVC, LIH, JAC, FLL, M...	53
17179869187	[RHV]	1
25769803777	[CWT]	1
25769803776	[CDW]	1
25769803782	[KNW]	1
25769803778	[DRT]	1
25769803779	[FOK]	1
25769803781	[HVR]	1
42949672962	[GTF]	1

DL 使用的大多數機場被分為兩個群組，讓我們深入研究一下這兩個群組。這裡有太多的機場要顯示，所以我們只顯示分支（進出航班）最多的機場。可以撰寫以下的程式碼計算機場的分支數：

```
all_flights = g.degrees.withColumnRenamed("id", "aId")
```

然後我們將結果與最大集群的機場結合起來：

```
(clusters
 .filter("label=1606317768706")
 .join(all_flights, all_flights.aId == result.id)
 .sort("degree", ascending=False)
 .select("id", "name", "degree")
 .show(truncate=False))
```

執行這個查詢，我們會得到這樣的輸出：

id	name	degree
DFW	Dallas Fort Worth International Airport	47514
CLT	Charlotte Douglas International Airport	40495
IAH	George Bush Intercontinental Houston Airport	28814
EWR	Newark Liberty International Airport	25131
PHL	Philadelphia International Airport	20804
BWI	Baltimore/Washington International Thurgood Marshall Airport	18989
MDW	Chicago Midway International Airport	15178

id	name	degree
BNA	Nashville International Airport	12455
DAL	Dallas Love Field	12084
IAD	Washington Dulles International Airport	11566
STL	Lambert St Louis International Airport	11439
HOU	William P Hobby Airport	9742
IND	Indianapolis International Airport	8543
PIT	Pittsburgh International Airport	8410
CLE	Cleveland Hopkins International Airport	8238
CMH	Port Columbus International Airport	7640
SAT	San Antonio International Airport	6532
JAX	Jacksonville International Airport	5495
BDL	Bradley International Airport	4866
RSW	Southwest Florida International Airport	4569

在圖 7-15 中,我們可以看到這個集群實際上集中在美國東海岸到中西部。

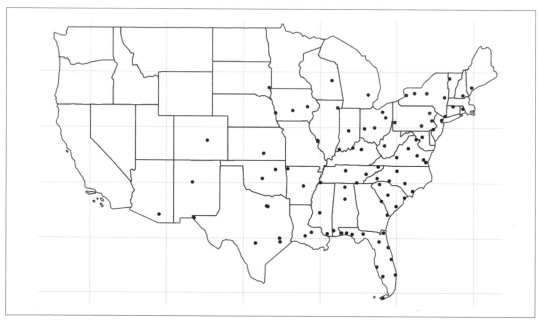

圖 7-15 標籤 1606317768706 集群中的機場。

現在讓我們對第二大集群做同樣的事情：

```
(clusters
 .filter("label=1219770712067")
 .join(all_flights, all_flights.aId == result.id)
 .sort("degree", ascending=False)
 .select("id", "name", "degree")
 .show(truncate=False))
```

執行查詢，會得到以下結果：

id	name	degree
ATL	Hartsfield Jackson Atlanta International Airport	67672
ORD	Chicago O'Hare International Airport	56681
DEN	Denver International Airport	39671
LAX	Los Angeles International Airport	38116
PHX	Phoenix Sky Harbor International Airport	30206
SFO	San Francisco International Airport	29865
LGA	La Guardia Airport	29416
LAS	McCarran International Airport	27801
DTW	Detroit Metropolitan Wayne County Airport	27477
MSP	Minneapolis-St Paul International/Wold-Chamberlain Airport	27163
BOS	General Edward Lawrence Logan International Airport	26214
SEA	Seattle Tacoma International Airport	24098
MCO	Orlando International Airport	23442
JFK	John F Kennedy International Airport	22294
DCA	Ronald Reagan Washington National Airport	22244
SLC	Salt Lake City International Airport	18661
FLL	Fort Lauderdale Hollywood International Airport	16364
SAN	San Diego International Airport	15401
MIA	Miami International Airport	14869
TPA	Tampa International Airport	12509

在圖 7-16 中，我們可以看到這個集群明顯更向以轉運機場為中心，還有一些西北方向的站點。

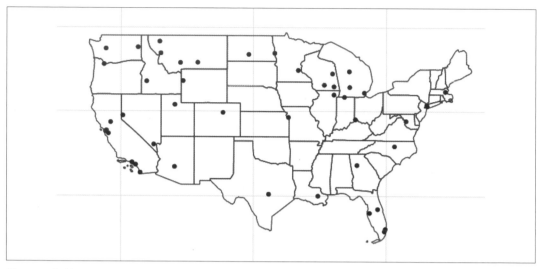

圖 7-16 標籤 1219770712067 集群中的機場。

我們用來生成這些地圖的程式碼,可以在本書的 Github repository(*https://bit. ly/2FPgGVV*)中找到。

在查看 Delta 航空網站上的常客計畫時,我們注意到一個「使用兩張再送一張」的促銷, 也就是如果我們使用飛行哩程進行兩次飛行,將可免費獲得另一次飛行。但規定只能在 兩個集群中的一個飛行時才生效!也許,在同一個集群中旅行,將會是對我們的時間以 及我們的哩程最好的策略。

讀者練習

- 使用最短路徑演算法評估從您家到 Bozeman Yellowstone International Airport (**BZN**)要坐幾段航班。

- 如果改用加權關係,會有什麼區別嗎?

本章總結

在前面幾章中，我們詳細介紹了在 Apache Spark 和 Neo4j 中，用於路徑查找、中心性和社群檢測的主要圖演算法是如何工作的。在本章中，我們介紹了幾種工作流程，包括在與其他任務和分析相關的過程中使用數種演算法。我們假定了站在一個旅行商家角度的場景，在 Neo4j 中分析 Yelp 資料，也假定了另一個個人航空旅行場景，在 Spark 中評估美國航空公司資料。

下一步，我們將聚焦在一個對於圖形演算法來說越來越重要的用途：圖形增強機器學習。

## 第八章

使用圖形演算法增強機器學習

我們已經介紹了幾種在每次迭代時會學習和更新狀態的演算法，例如標籤傳播；但是，直到目前為止，我們仍只是關注於一般分析的圖形演算法。由於圖形在機器學習（ML）中的應用越來越多，我們現在將研究如何使用圖形演算法來增強機器學習工作流程。

在本章中，我們關注用最實際的方法，將圖形演算法用於提升機器學習的預測；並接特徵提取及其在預測關係中的應用。首先，我們將介紹一些基本的機器學習概念和上下文資料對於提升預測的重要性。然後，我們將快速看一下如何應用圖形功能，包括用於垃圾郵件詐欺、檢測和連結預測。

我們將示範如何建立機器學習一系列工作，然後訓練和評估一個連結預測模型，將 Neo4j 和 Spark 整合到我們的工作流程中。我們的範例將根據 Citation Network Dataset（引用網路資料集），其中包含作者、論文、作者關係和引用關係。我們將使用幾個模型來預測研究作者將來是否有可能合作，並示範圖形演算法如何改進結果。

機器學習和上下文的重要性

機器學習不是人工智慧（AI），而是達成 AI 的其中一種方法。機器學習使用演算法來訓練軟體，這個動作會透過特定的範例，以及根據預期結果進行漸進式改進，而不需要明確更改程式來取得更好的結果。訓練包括向模型提供大量資料，並使其能夠學習如何處理和合併這些資訊。

從機器學習意義上來說,學習意味著演算法會進行迭代行為,不斷地改進以接近目標,例如與訓練資料相比,以減少分類錯誤。機器學習也是動態的,當有更多的資料時,它能夠自我修改和優化。這些改進可能發生在許多批次的前期訓練中,也可能發生於正在使用的過程。

最近在機器學習預測、取得大型資料集和平行計算能力方面取得的成功,使機器學習更適合用於人工智慧應用領域下不斷發展中的機率模型。隨著機器學習越來越廣泛,記住它的基本目標很重要:也就是做出與人類相似的選擇。如果我們忘記了這一目標,最終可能只會得到另一個目標明確、根據規則判斷的軟體。

為了提高機器學習的準確性,同時顧及解決方案應用到更多的地方,我們需要結合大量的上下文資訊──就像人們應該使用上下文做出更好的決策一樣。人類不會只直接用資料片段,而是會綜合周圍的環境局勢,去判斷在某情況下什麼是必要的、去估計缺少的資訊,也會決定如何將經驗教訓應用到新的情況。上下文幫助我們改進預測。

圖形、上下文和準確性

如果沒有外部和相關資訊的輔助之下,試圖預測行為或想要針對不同情況解決方案的話,需要更詳盡的訓練和規範規則。這就是為什麼人工智慧擅長於特定的、定義明確的任務,但模糊的東西卻難以處理部分原因。圖形增強機器學習可以填補遺失的上下文資訊,這些資訊對於做出更好的決策非常重要。

從圖論和現實生活中我們可以知道,關係往往是行為的最強預測因數。例如,如果某個人投票了,那麼他們的朋友、家人,甚至同事投票的可能性就會增加。圖 8-1 說明了 R. Bond 等人在 2012 年研究論文 *A 61-Million-Person Experiment in Social Influence and Political Mobilization*(*https://www.nature.com/articles/nature11421*)中,已知投票者和 Facebook 朋友圈所產生的連鎖反應。

作者發現,朋友去投票的影響,是造成額外 1.4% 的使用者聲稱他們也投票了,有趣的是,朋友的朋友另外造成 1.7% 的增加。百分比雖然小,但也可能會產生顯著的影響,我們可以在圖 8-1 中看到,兩個跳躍距離的朋友比直接的朋友受到更多的影響。Nicholas Christakis 和 James Fowler 的 *Connected*(Little,Brown and Company 出版)一書中用投票以及其他的例子,說明社群網路如何影響著我們。

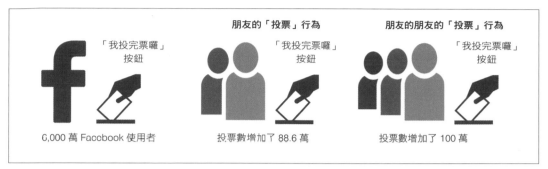

圖 8-1 人們被社群網路影響投票意願，在這個範例中，比起直接朋友關係，關係為兩個跳躍距離的朋友受到更大的影響。

添加圖形功能和上下文可以改進預測，在關係很重要的情況下更是如此。例如，零售公司不僅使用歷史資料，還使用有關客戶相似性和線上行為的上下文數據來做個人化產品推薦。Amazon 的 Alexa 使用了幾層上下文模型（*https://amzn.to/2YmSvqn*），這些模型可以提高準確性。2018 年，亞馬遜還推出了 *context carryover*（上下文轉移）的概念，在回答新問題時，將以前的參考資料納入對話中。

不幸的是，今天許多機器學習方法都缺少大量豐富的上下文資訊。這是由於機器學習依賴於元組（tuple）結構的輸入資料，而忽略了許多預測關係和網路資料。此外，上下文資訊的獲得有時也不容易，或者太難存取和處理。對於傳統的方法來說，即使找到四個跳躍點以上的連接也是一個可擴張性上的挑戰。使用圖形，我們可以更容易地訪問和合併連接的資料。

關聯特徵提取與選擇

關係的特徵提取和選擇有助於我們獲取原始資料，並建立一個合適的子集合和格式來訓練我們的機器學習模型。這是一個基本的步驟，這個步驟做得好時，可以讓機器學習產生更一致的準確預測。

特徵提取與選擇

特徵提取（*Feature extraction*）是將大量資料和屬性提取成一組具有代表性的描述性屬性的一種方法。該過程為輸入資料中的獨特特徵或模式匯出數值（特徵），以便我們可以在其他資料中進行分群。當一個模型很難直接分析資料時──可能是因為大小、格式或者需要進行偶然的比較，就是它的使用時機。

特徵選擇（*Feature selection*）是決定什麼是對目標最重要或影響最大的特徵，然後提取特徵子集的過程。它被用來呈現出預測的重要性以及效率。例如，如果我們有 20 個特徵，使用其中 13 個可以對我們的目標達成 92% 預測準確度，那麼我們就可以在模型中消除 7 個特徵。

將正確的特徵組合在一起可以提高準確性，因為它從根本上影響我們的模型的學習方式。因為即使是適度的改進也會產生顯著的差異，所以我們在本章中的重點是**關聯特徵**（*connected feature*）。關聯特徵是從資料結構中提取的特徵。這些特徵可以從根據節點周圍圖形部分的圖形局部查詢，或使用圖形演算法根據關係特徵提取，識別資料中具代表性的元素，來進行圖形全域查詢。

不僅要獲得正確的功能組合，而且要消除不必要的功能，以降低我們的模型被超目標化的可能性。這樣我們就不會建出只對訓練資料工作良好的模型（稱為**過度訓練**（*overfitting*）），並大大擴展了適用性。我們還可以使用圖形演算法來評估這些特徵，並確定哪些特徵對我們的關聯特徵選擇模型最有影響。例如，我們可以將特徵映射到圖中的節點，根據相似的特徵建立關係，然後計算特徵的中心性。特徵關係可以透過保存資料點的群中密度的能力來定義，該方法使用高維度與低樣本大小的資料集，被描述於 K. Henniab、N. Mezghani 和 C. Gouin Vallerand 的文獻 *Unsupervised Graph-Based Feature Selection Via Subspace and PageRank Centrality*（*https://bit.ly/2HGON5B*）中。

圖形嵌入

圖形嵌入（*graph embedding*）是將圖中的節點和關係以特徵向量（feature vector）的方式呈現。其實只是帶有維度映射的特徵集合，如圖 8-2 中所示的（*x, y, z*）座標。

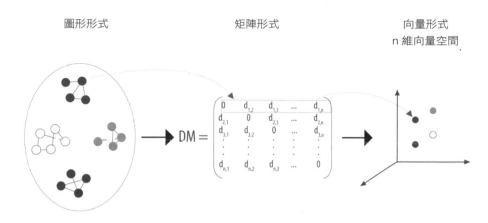

圖 8-2 圖形嵌入將圖形資料對應到可以視覺化為多維座標的特徵向量中。

圖形嵌入與關聯特徵提取略有不同,它使我們能夠以數值格式表示整個圖形或圖形資料的子集,為機器學習任務做好準備。這對於無監督的學習尤其有用,因為資料利用關係獲取更多的上下文資訊,因此資料不進行分群。圖形嵌入還可用於資料探勘、計算實體之間的相似性以及為統計分析降低維度。

圖形嵌入是一個快速發展的領域,其中有數個流派,包括 node2vec、struc2vec、GraphSAGE(*https://bit.ly/2HYdhqH*)、DeepWalk(*https://bit.ly/2JDmIOo*)和 DeepGL(*https://bit.ly/2OryHxg*)。

現在,讓我們看看幾種關聯特徵的類型以及它們是如何使用的。

圖形特徵

圖形特徵(*graphy feature*)包括了我們圖形中與連結相關的任何度量值,例如節點的入分支數量和出分支數量、潛在三角形數量和共同的鄰點數量。在我們的範例中,我們將從這些度量值開始,因為它們易於收集,並且能夠良好驗證早期假設。

此外,當我們明確地知道我們在尋找什麼時,就可以使用特徵工程(feature engineering)。例如,如果我們想知道有多少人在四次跳躍內有一個詐欺帳戶。這種方法使用圖形遍歷來非常有效率地查找關係的深層路徑,查看諸如標籤、屬性、計數和推斷關係等內容。

我們還可以很容易地自動化這些過程,並將這些預測性圖形特徵交付到我們現有的工作流程中。例如,我們可以提取詐欺者關係的數量,並將該數值新增為一個節點的屬性,以用於其他機器學習任務。

圖形演算法特徵

我們也可以使用圖形演算法幫我們尋找一些特徵,這些特徵是泛型結構,而不是精確的樣式。舉例來說,假設我們知道某些類型的社群表示詐欺;這種社群也許有一個典型的密度或層次關係。在這種情況下,我們不需要嚴格定出一個組織特徵,而只要定出一個相關結構。在範例中,我們將使用社群檢測演算法來提取關係的特徵,這種情況下也經常用到中心性演算法(如 PageRank)。

此外,結合多種連接特徵的方法似乎比堅持使用一種方法要好。例如,我們可以將關聯特徵搭配 Louvin 演算法所發現的社群、搭配 PageRank 找出影響的節點以及三個跳躍內的已知詐欺者相互結合來預測詐欺。

圖 8-3 中示範了一種組合方法,作者將 PageRank 和 Coloring 等圖形演算法與入分支數和出分支數等圖形度量相結合。此圖摘自 S. Fakhraei 等人的論文 *Collective Spammer Detection in Evolving Multi-Relational Social Networks*(*https://bit.ly/2TyG6Mm*)。

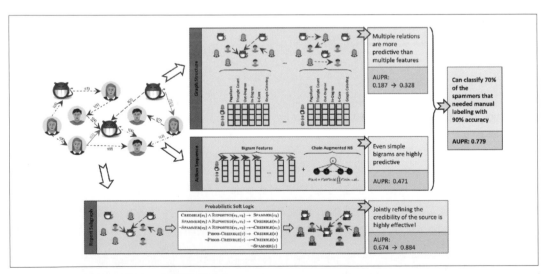

圖 8-3 關聯特徵提取可以與其他預測方法相結合,以提高結果的品質。AUPR 是指 area under the precision-recall 曲線,其數值越大越好。

圖形結構小節會展示如何使用幾種圖形演算法進行關聯特徵提取。有趣的是，作者發現從多種關聯類型中提取關聯特徵比簡單地添加更多特徵更具預測性。報表子圖形小節展示了如何將圖形的特徵轉換為機器學習模型可以使用的特徵。藉由在一個圖形增強的機器學習工作流程中結合多種方法，文獻作者能夠提升先前的檢測方法，先前的方法需要加上手動標記，成功分類出垃圾郵件的準確率為 70%，提升後變成準確率 90%。

即使我們提取了關聯的特徵，我們也可以利用使用像 PageRank 這樣的圖形演算法，來優先選擇影響力最大的特徵，以提升我們的訓練品質。這使我們能夠充分地表示資料，同時消除可能降低結果品質或處理速度的雜訊變數。利用這類資訊，我們還可以識別出高共同現性的特徵，透過特徵簡化進一步調整模型。該方法在 D. IENCO、R. Meo 和 M. Botta 的研究論文 *Using PageRank in Feature Selection*（*https://bit.ly/2JDDwVw*）中有概述說明。

我們已經討論了關聯特徵如何應用於涉及詐欺和濫發垃圾郵件者檢測的場景。在這些情況下，活動通常隱藏在多個模糊層和網路關係中。如果沒有圖形所帶來的上下文資訊，那麼傳統的特徵提取方法和特徵選擇方法可能無法檢測到這種行為。

關聯特徵用以增強機器學習的另一個領域（以及本章其餘部分的重點）是連結預測（*link prediction*）。連結預測是一種用來估計未來連結會如何形成，或者它是否已應該在我們的圖表之中。由於網路是動態的，可以快速增長，因此能夠預測即將加入的連結具有廣泛的適用性，從產品推薦到藥物再行銷，甚至推斷犯罪關係。

從圖形中提取的關聯特徵通常會被用於改進連結預測，其中使用的是基本的圖形特徵，以及從中心性和社群性中提取的特徵。根據節點接近度或相似度的連結預測也是一種標準手段；在 *The Link Prediction Problem for Social Networks*（*https://bit.ly/2uoyB0q*）中 D. Liben Nowell 和 J. Kleinberg 認為，單是網路結構就可能包含足夠的潛在資訊來檢測節點接近度，甚至比直接的測量更準。

既然我們已經看過關聯特徵如何增強機器學習的方法，那麼就讓我們深入到我們的連結預測範例中，看看如何應用圖形演算法來提升預測。

圖形和機器學習練習：連結預測

本章的其餘部分將示範一個實際的例子，這個例子使用 Citation Network Dataset（引文網路資料集）（*https://aminer.org/citation*），該資料集是從 DBLP、ACM 和 MAG 中提取成一個研究資料集，在 J. Tang 等人的論文 *ArnetMiner: Extraction and Mining of Academic Social Networks*（*http://bit.ly/2U4C3fb*）中有描述。最新版本包含 3,079,007 篇論文、1,766,547 位作者、9,437,718 作者關係和 25,166,994 引文關係。

我們使用其中一個子集合，該子集合著重於以下出版物中出現的文章：

- *Lecture Notes in Computer Science*

- *Communications of the ACM*

- *International Conference on Software Engineering*

- *Advances in Computing and Communications*

我們的資料集包含 51,956 篇論文、80,299 位作者、140,575 作者關係和 28,706 引用關係。我們將根據合作論文的作者建立一個合著圖，然後預測兩個作者未來的合作。我們只對從未合作過的作者之間的合作感興趣——我們不關心多次合作的兩個作者。

本章的其餘部分，我們將設定所需的工具並將資料導入 Neo4j。然後，我們會討論如何適當地平衡資料，並將樣本分割到多個 Spark DataFrame，以進行訓練和測試。在此之後，我們在建立機器學習的工作流程之前，將會為連結預測解釋前提假設和方法。最後，從基本的圖形特徵開始，然後加入更多在 Neo4j 中提取到的圖形演算法特徵，為多種預測模型進行訓練及評估。

工具和資料

讓我們從設定工具和資料開始，然後探索我們的資料集並建立一個機器學習工作流程。

在我們做任何其他事情之前，讓我們先設定好本章中會使用到的函式庫：

py2neo
> 一個 Neo4j Python 函式庫，這個函式庫與 Python 資料科學生態系統完美整合。

pandas
> 一個能在資料庫外部做資料角力的高性能函式庫， 具有便於使用的資料結構和資料分析工具。

Spark MLlib
> Spark 中的機器學習函式庫。

我們以 MLlib 作為機器學習函式庫的範例，本章所示範的方法也可以與其他機器學習函式庫（如scikit-learn）搭配使用。

所有顯示的程式碼都將在 pyspark REPL 中執行。我們可以透過執行以下命令來啟動 REPL：

```
export SPARK_VERSION="spark-2.4.0-bin-hadoop2.7"
./${SPARK_VERSION}/bin/pyspark \
  --driver-memory 2g \
  --executor-memory 6g \
  --packages julioasotodv:spark-tree-plotting:0.2
```

這與我們在第 3 章中用來啟動 REPL 的命令類似，但我們這次不是啟動 GraphFrames，而是載入 spark-tree-plotting 套件。在本書編寫時，Spark 的最新發佈版本是 *spark-2.4.0-bin-hadoop2.7*，但在您閱讀本文時可能又更新了，請確保適當地更改 SPARK_VERSION 環境變數。

執行後就會匯入以下這些我們將會使用的函式庫了：

```
from py2neo import Graph
import pandas as pd
from numpy.random import randint

from pyspark.ml import Pipeline
from pyspark.ml.classification import RandomForestClassifier
from pyspark.ml.feature import StringIndexer, VectorAssembler
from pyspark.ml.evaluation import BinaryClassificationEvaluator

from pyspark.sql.types import *
from pyspark.sql import functions as F

from sklearn.metrics import roc_curve, auc
from collections import Counter

from cycler import cycler
import matplotlib
matplotlib.use('TkAgg')
import matplotlib.pyplot as plt
```

現在讓我們建立連接到 Neo4j 資料庫：

```
graph = Graph("bolt://localhost:7687", auth=("neo4j", "neo"))
```

匯入資料到 Neo4j

現在我們準備要將資料載入到 Neo4j，並且為我們的訓練和測試，把資料做平衡切分。我們需要下載資料集版本 10（*https://bit.ly/2TszAH3*）的 zip 檔，把檔案解壓縮，並將內容放在 *import* 資料夾中。我們應該要得到以下這些檔案：

- *dblp-ref-0.json*

- *dblp-ref-1.json*

- *dblp-ref-2.json*

- *dblp-ref-3.json*

在 *import* 資料夾準備好這些檔案後，我們需要將以下的屬性加到 Neo4j 的設定檔中，這樣我們就可以用 APOC 函式庫對資料進行處理了：

```
apoc.import.file.enabled=true
apoc.import.file.use_neo4j_config=true
```

首先，要做的是建立一些限制條件，以確保我們不會建立重複的文件或作者：

```
CREATE CONSTRAINT ON (article:Article)
ASSERT article.index IS UNIQUE;

CREATE CONSTRAINT ON (author:Author)
ASSERT author.name IS UNIQUE;
```

現在我們可以執行以下的查詢，用這個查詢來從 JSON 檔中匯入資料：

```
CALL apoc.periodic.iterate(
  'UNWIND ["dblp-ref-0.json","dblp-ref-1.json",
           "dblp-ref-2.json","dblp-ref-3.json"] AS file
   CALL apoc.load.json("file:///" + file)
   YIELD value
   WHERE value.venue IN ["Lecture Notes in Computer Science",
                         "Communications of The ACM",
                         "international conference on software engineering",
                         "advances in computing and communications"]
   return value',
  'MERGE (a:Article {index:value.id})
   ON CREATE SET a += apoc.map.clean(value,["id","authors","references"],[0])
   WITH a,value.authors as authors
   UNWIND authors as author
   MERGE (b:Author{name:author})
   MERGE (b)<-[:AUTHOR]-(a)'
, {batchSize: 10000, iterateList: true});
```

執行這個查詢，將會得到如圖 8-4 的圖形。

圖 8-4 引用圖。

這是一個連接文章和作者的簡單圖形，所以我們將添加更多資訊，才能從關係中進行推斷，以提升預測。

合著圖

由於我們希望預測作者之間未來的合作關係，所以我們將從建立合著圖開始。下面的 Neo4j Cypher 查詢將會為任何曾經合著論文的作者建立一個 CO_AUTHOR 關係：

```
MATCH (a1)<-[:AUTHOR]-(paper)-[:AUTHOR]->(a2:Author)
WITH a1, a2, paper
ORDER BY a1, paper.year
WITH a1, a2, collect(paper)[0].year AS year, count(*) AS collaborations
MERGE (a1)-[coauthor:CO_AUTHOR {year: year}]-(a2)
SET coauthor.collaborations = collaborations;
```

我們在上面的查詢中，為 CO_AUTHOR 關係設定了 year 屬性，代表兩位作者間首次的合著時間——我們不關心後續的合著關係。

圖 8-5 是建出圖形的一部分示範，在圖中我們已經可以看到一些有趣的社群結構。

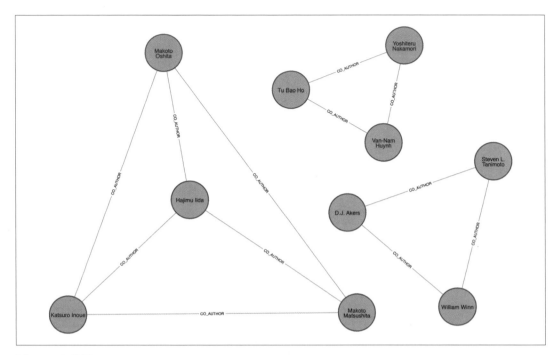

圖 8-5 合著圖。

圖中的每個圓代表一位作者,它們之間的線是 **CO_AUTHOR** 關係,因此在圖形左邊的四位作者,他們都有相互合作的關係,然後圖形右邊存在三位作者互相合作的兩個群組。現在我們已經載入了資料和一個基本的圖形,讓我們建立訓練和測試需要的兩個資料集。

建立平衡的訓練和測試資料集

對於我們希望嘗試的連結預測問題,還有想預測未來的連結。這個資料集很適用,因為我們可以用文章的日期來分割資料。我們需要計算出用哪一年來拆分我們的訓練 / 測試資料。我們將用那一年之前的資料,對我們的模型進行全面的訓練,然後用那一年之後的資料測試連結的建立。

讓我們先看看這些文章是什麼時候發表的,用以下的查詢可以將文章以年份進行分組,然後取得每群組中文章的數量:

```
query = """
MATCH (article:Article)
RETURN article.year AS year, count(*) AS count
ORDER BY year
```

```
"""
```

```
by_year = graph.run(query).to_data_frame()
```

現在將結果以長條圖顯示，請使用以下程式碼：

```
plt.style.use('fivethirtyeight')
ax = by_year.plot(kind='bar', x='year', y='count', legend=None, figsize=(15,8))
ax.xaxis.set_label_text("")
plt.tight_layout()
plt.show()
```

執行程式碼後產生的長條圖如圖 8-6。

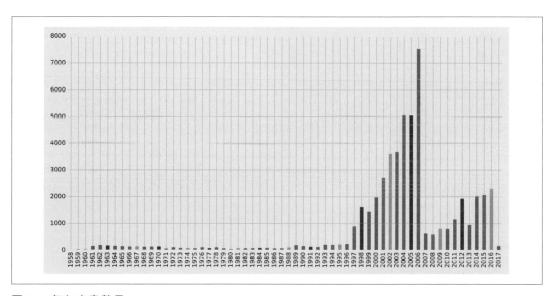

圖 8-6 每年文章數量。

1997 年以前，每年發表的文章很少，2001 年到 2006 年之間發表的文章很多，接著是一個大衰退，直到 2011 年（不包括 2013 年）之後的逐步攀升。看起來 2006 年可能是一個選擇，用於將資料切分為訓練模型的資料，以及用於做出預測的資料。讓我們看看那一年之前和之後發表了多少論文。我們可以撰寫下面的查詢來計算這兩個數量：

```
MATCH (article:Article)
RETURN article.year < 2006 AS training, count(*) AS count
```

結果如下，其中 *true* 表示 2006 年之前發表的論文：

training	count
false	21059
true	30897

還不錯！60% 的論文在 2006 年之前發表，40% 在 2006 年或之後發表。對於我們的訓練和測試來說，這是一個相當平衡的資料分割。

現在我們有了一個很好的文章切分點，讓我們一樣使用 2006 年為分界，對合著資料進行切分。對於 *2006 年之前*的合著關係，下面的查詢將在節點之間建立 **CO_AUTHOR_EARLY** 關係：

```
MATCH (a1)<-[:AUTHOR]-(paper)-[:AUTHOR]->(a2:Author)
WITH a1, a2, paper
ORDER BY a1, paper.year
WITH a1, a2, collect(paper)[0].year AS year, count(*) AS collaborations
WHERE year < 2006
MERGE (a1)-[coauthor:CO_AUTHOR_EARLY {year: year}]-(a2)
SET coauthor.collaborations = collaborations;
```

對於 *2006 年以及之後*的合著關係，用下面的查詢在節點之間建立 **CO_AUTHOR_EARLY** 關係：

```
MATCH (a1)<-[:AUTHOR]-(paper)-[:AUTHOR]->(a2:Author)
WITH a1, a2, paper
ORDER BY a1, paper.year
WITH a1, a2, collect(paper)[0].year AS year, count(*) AS collaborations
WHERE year >= 2006
MERGE (a1)-[coauthor:CO_AUTHOR_LATE {year: year}]-(a2)
SET coauthor.collaborations = collaborations;
```

在我們開始建立訓練與測試資料集之前，讓我們先看一下有多少節點間有連結。以下的查詢將會找出具有 **CO_AUTHOR_EARLY** 關係的節點對數量：

```
MATCH ()-[:CO_AUTHOR_EARLY]->()
RETURN count(*) AS count
```

執行該查詢將回傳以下的結果：

count
81096

而下面的查詢將找尋 CO_AUTHOR_LATE 的數目：

```
MATCH ()-[:CO_AUTHOR_LATE]->()
RETURN count(*) AS count
```

執行該查詢將回傳以下的結果：

count
74128

現在我們準備要構建我們的訓練和測試資料集了。

平衡和分割資料

節點之間的 CO_AUTHOR_EARLY 和 CO_AUTHOR_LATE 關係將作為我們的正面例子，但我們也需要建立一些負面例子。大多數現實世界中的網路都是稀疏的、有著密集的關係，這個圖形也一樣。兩個節點沒有關係的數量比有關係的數量多得多。

如果我們查詢 CO_AUTHOR_EARLY 資料，我們會發現有 45,018 個作者有這種關係，但作者之間只有 81,096 個關係。這聽起來可能不平衡，但事實是：我們的圖表可能具有的最大關係數是（45018*45017）/2=1,013,287,653，這意味著有很多負面的例子（沒有連結）。如果我們用上全部的負面例子來訓練我們的模型，將會有嚴重的分類不平衡問題。也就是說一個模型可以透過預測每對節點都沒有關係，來達到極高的精準度。

在論文 *New Perspectives and Methods in Link Prediction*（*https://ntrda.me/2TrSg9K*）中，作者 R. Lichtenwalter、J. Lussier 和 N. Chawla 說明了幾種解決此問題的方法，其中一種方法是透過在我們的鄰居節點中找到當前沒有連接的節點來構建負面的例子。

我們將找出兩個到三個跳躍點之間的節點，排除那些已經有關係的節點對後，來構建我們的負面例子。然後我們將對這些節點對進行降低取樣，這樣就可以得到等量的正負範例。

> 我們有 314,248 對節點，它們在兩個躍點距離之間沒有關係。如果我們將距離增加到三個躍點，沒有關係的節點就有 967,677 對。

我們可以透過執行以下程式碼來降低取樣負面例子：

```
def down_sample(df):
    copy = df.copy()
    zero = Counter(copy.label.values)[0]
    un = Counter(copy.label.values)[1]
    n = zero - un
    copy = copy.drop(copy[copy.label == 0].sample(n=n, random_state=1).index)
    return copy.sample(frac=1)
```

這個函數計算正和負例子之間的差異數量,然後對負面例子做取樣,目的是為了讓他們的數量達到一致。我們之後就可以接著執行以下的程式碼,以建立一個正負例子平衡的訓練資料集:

```
train_existing_links = graph.run("""
MATCH (author:Author)-[:CO_AUTHOR_EARLY]->(other:Author)
RETURN id(author) AS node1, id(other) AS node2, 1 AS label
""").to_data_frame()

train_missing_links = graph.run("""
MATCH (author:Author)
WHERE (author)-[:CO_AUTHOR_EARLY]-()
MATCH (author)-[:CO_AUTHOR_EARLY*2..3]-(other)
WHERE not((author)-[:CO_AUTHOR_EARLY]-(other))
RETURN id(author) AS node1, id(other) AS node2, 0 AS label
""").to_data_frame()

train_missing_links = train_missing_links.drop_duplicates()
training_df = train_missing_links.append(train_existing_links, ignore_index=True)
training_df['label'] = training_df['label'].astype('category')
training_df = down_sample(training_df)
training_data = spark.createDataFrame(training_df)
```

我們現在已經將 label 欄變成一種分類,其值 1 代表兩個節點間有連結關係,0 則表示沒有關係。執行以下命令可以查看我們 DataFrame 中的資料:

```
training_data.show(n=5)
```

node1	node2	label
10019	28091	1
10170	51476	1
10259	17140	0
10259	26047	1
10293	71349	1

結果向我們列示節點對清單以及它們是否具有共同作者關係；例如，節點 **10019** 和 **28091** 的 label 欄標示為 **1**，表示有合著關係。

現在，讓我們執行以下程式碼來檢查 DataFrame 的內容摘要：

```
training_data.groupby("label").count().show()
```

結果如下：

label	count
0	81096
1	81096

我們使用相同數量的正負樣本建立好了訓練資料集，現在我們要為測試集做同樣的事情。以下的程式碼將會建立一個平衡過正負面例子的測試資料集合：

```
test_existing_links = graph.run("""
MATCH (author:Author)-[:CO_AUTHOR_LATE]->(other:Author)
RETURN id(author) AS node1, id(other) AS node2, 1 AS label
""").to_data_frame()

test_missing_links = graph.run("""
MATCH (author:Author)
WHERE (author)-[:CO_AUTHOR_LATE]-()
MATCH (author)-[:CO_AUTHOR*2..3]-(other)
WHERE not((author)-[:CO_AUTHOR]-(other))
RETURN id(author) AS node1, id(other) AS node2, 0 AS label
""").to_data_frame()

test_missing_links = test_missing_links.drop_duplicates()
test_df = test_missing_links.append(test_existing_links, ignore_index=True)
test_df['label'] = test_df['label'].astype('category')
test_df = down_sample(test_df)
test_data = spark.createDataFrame(test_df)
```

我們可以執行以下的程式碼，查看 DataFrame 中的內容：

```
test_data.groupby("label").count().show()
```

執行結果如下：

label	count
0	74128
1	74128

現在我們擁有平衡的訓練和測試資料集了，讓我們看看預測連結的方法吧！

如何預測缺少的連結？

我們需要從一些基本假設開始，即資料中哪些元素可預測兩位作者是否會在之後成為合著者。雖然假設因領域和問題而異，但在目前這個範例中，我們相信最具預測性的特徵將與社群有關，我們將先假設以下的因素增加了作者成為合作者的可能性：

- 更多共同作者

- 作者之間潛在的三元關係

- 更多關係的作者

- 同一社群的作者

- 作者在同一個比較緊密的社群

我們將根據我們的假設構建圖形特徵，並使用這些特徵訓練二元分類器（binary classification）。二元分類是一種機器學習類型，它的任務是根據規則預測元素所屬的兩個預定義組中的哪一個。我們使用分類器來根據分類規則預測一對作者是否有連結。在我們的範例中，值 1 表示有一個連結（合著），值 0 表示沒有連結（沒有合著）。

我們將用 Spark 中的隨機森林（random forest）實作二元分類器。隨機森林是一種用於分類、回歸和其他任務的整合學習方法，如圖 8-7 所示。

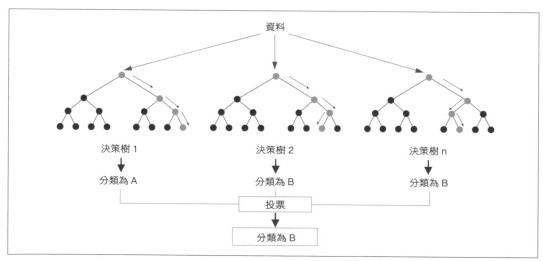

圖 8-7 一個隨機森林是一堆決策樹的集合，然後將結果匯總，做多數決（對於分類）或平均值（對於回歸）。

我們的隨機森林分類器將從我們訓練的多個決策樹中獲取結果，然後使用投票來預測分類——在我們的範例中，就是決定連結（合著關係）是否存在。

現在讓我們來建立我們的工作流程。

建立機器學習工作流程

我們將根據 Spark 中的隨機森林分類器建立機器學習工作流程。這種方法非常適合，因為我們的資料集將由強特徵和弱特徵混合組成。但隨機森林方法將確保我們不會建立只適合我們的訓練資料的模型，而弱特徵有時也能提供一些幫助。

為了建立我們的準確率工作流程，我們將以 **fields** 變數傳入一個特徵清單——這些是我們的分類器將使用的特徵。分類器期望用一個稱為 **features** 的欄接收這些特徵，因此我們使用 **VectorAssembler** 將資料轉換為需要的格式。

以下的程式碼將會建立一個機器學習工作流程，並用 MLlib 設定好我們的參數：

```
def create_pipeline(fields):
    assembler = VectorAssembler(inputCols=fields, outputCol="features")
    rf = RandomForestClassifier(labelCol="label", featuresCol="features",
                                numTrees=30, maxDepth=10)
    return Pipeline(stages=[assembler, rf])
```

RandomForestClassifier 使用的參數如下：

labelCol

我們想要預測的變數所在欄位名稱；例如一對節點間是否有連結。

featuresCol

我們想要預測一對節點間是否有連結，所要使用的變數所在欄位名稱。

numTrees

組成隨機森林的決策樹數量。

maxDepth

決策樹的最大深度。

我們是基於實驗結果來決定決策樹的數量和深度的。我們可以考慮使用超參數，比方透過調整演算法的設定來優化效能，但通常最好的超參數很難預先決定，調整模型通常都需要反覆試驗調整。

我們已經介紹完基礎知識並建立了我們的工作流程,所以讓我們開始建立模型並評估它的效能吧!

預測連結:基本的圖形特徵

我們將先建立一個簡單的模型,試圖預測兩個作者是否將在未來進行合著,這個簡單的模型將根據從共同作者中提取的特徵、偏好依附原則和鄰居總聯集來進行測試:

共同作者

發現兩個作者之間的潛在三角形數,這是利用兩個有共同的合著者的作者,在將來可能會被介紹和合作的概念。

偏好依附原則

透過將每對作者的合著者數量相乘來為每對作者打分,其概念是一個作者更有可能與已經合作了很多論文的人合作。

鄰居總聯集

查找每個作者擁有的合著者總數,要減去重複項。

在 Neo4j 中,我們可以使用 Cypher 查詢計算這些值。以下的函式將會為訓練資料集合計算這些測量值:

```
def apply_graphy_training_features(data):
    query = """
    UNWIND $pairs AS pair
    MATCH (p1) WHERE id(p1) = pair.node1
    MATCH (p2) WHERE id(p2) = pair.node2
    RETURN pair.node1 AS node1,
           pair.node2 AS node2,
           size([(p1)-[:CO_AUTHOR_EARLY]-(a)-
                    [:CO_AUTHOR_EARLY]-(p2) | a]) AS commonAuthors,
           size((p1)-[:CO_AUTHOR_EARLY]-()) * size((p2)-
                    [:CO_AUTHOR_EARLY]-()) AS prefAttachment,
           size(apoc.coll.toSet(
               [(p1)-[:CO_AUTHOR_EARLY]-(a) | id(a)] +
               [(p2)-[:CO_AUTHOR_EARLY]-(a) | id(a)]
           )) AS totalNeighbors
    """
    pairs = [{"node1": row["node1"], "node2": row["node2"]}
                            for row in data.collect()]
    features = spark.createDataFrame(graph.run(query,
                            {"pairs": pairs}).to_data_frame())
    return data.join(features, ["node1", "node2"])
```

以下的函式會為測試資料集計算測量值：

```
def apply_graphy_test_features(data):
    query = """
    UNWIND $pairs AS pair
    MATCH (p1) WHERE id(p1) = pair.node1
    MATCH (p2) WHERE id(p2) = pair.node2
    RETURN pair.node1 AS node1,
           pair.node2 AS node2,
           size([(p1)-[:CO_AUTHOR]-(a)-[:CO_AUTHOR]-(p2) | a]) AS commonAuthors,
           size((p1)-[:CO_AUTHOR]-()) * size((p2)-[:CO_AUTHOR]-())
                              AS prefAttachment,
           size(apoc.coll.toSet(
             [(p1)-[:CO_AUTHOR]-(a) | id(a)] + [(p2)-[:CO_AUTHOR]-(a) | id(a)]
           )) AS totalNeighbors
    """
    pairs = [{"node1": row["node1"], "node2": row["node2"]}
                    for row in data.collect()]
    features = spark.createDataFrame(graph.run(query,
                    {"pairs": pairs}).to_data_frame())
    return data.join(features, ["node1", "node2"])
```

這兩個函式都要接收一個 DataFrame 為參數，這個 DataFrame 包含 node1 和 node2 欄中
的節點對。然後，我們構建一個包含這些對的映射陣列，並為每對節點計算每個度量值。

在本章中 UNWIND 子句特別好用，它可在一個查詢中，就獲收大量節點
對集合並回傳它們的所有特徵。

我們可以在 Spark 中使用以下程式碼，將這兩個函式套用到我們的訓練和測試
DataFrame：

```
training_data = apply_graphy_training_features(training_data)
test_data = apply_graphy_test_features(test_data)
```

讓我們探索訓練資料集合中的資料。以下的程式碼會將 commonAuthors 中的頻率畫在柱
狀圖上：

```
plt.style.use('fivethirtyeight')
fig, axs = plt.subplots(1, 2, figsize=(18, 7), sharey=True)
charts = [(1, "have collaborated"), (0, "haven't collaborated")]

for index, chart in enumerate(charts):
```

```
        label, title = chart
        filtered = training_data.filter(training_data["label"] == label)
        common_authors = filtered.toPandas()["commonAuthors"]
        histogram = common_authors.value_counts().sort_index()
        histogram /= float(histogram.sum())
        histogram.plot(kind="bar", x='Common Authors', color="darkblue",
                       ax=axs[index], title=f"Authors who {title} (label={label})")
        axs[index].xaxis.set_label_text("Common Authors")

    plt.tight_layout()
    plt.show()
```

可以在圖 8-8 中看見結果圖表：

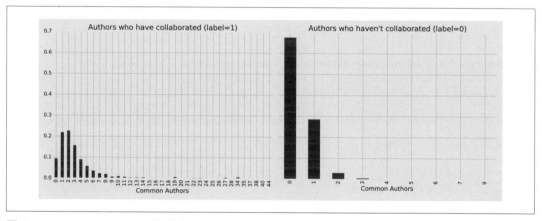

圖 8-8　commonAuthors 中的頻率。

在左邊，我們看到有合著關係時 commonAuthors 中的頻率；在右邊，我們看到了沒有合著關係時 commonAuthors 中的頻率。對於那些沒有合作過的人（右側），共享合作過的作者數量是 9，但 95% 的值是 1 或 0。不意外，在那些沒有合作過的人中，大多數人也沒有其他的共同作者。對於那些合作過的人（左邊），70% 的人少於五個共享合作作者，峰值是在一到兩個共享合作作者之間。

現在我們要訓練一個模型來預測遺失的連結，以下函數可以執行訓練：

```
    def train_model(fields, training_data):
        pipeline = create_pipeline(fields)
        model = pipeline.fit(training_data)
        return model
```

我們首先將建立一個只使用 commonAuthors 的基本模型。我們可以透過執行以下程式碼來建立該模型：

```
basic_model = train_model(["commonAuthors"], training_data)
```

我們的模型已訓練好了，現在用一些虛擬資料來檢查它的功能。以下的程式碼會根據不同的 commonAuthors 值進行計算：

```
eval_df = spark.createDataFrame(
    [(0,), (1,), (2,), (10,), (100,)],
    ['commonAuthors'])

(basic_model.transform(eval_df)
 .select("commonAuthors", "probability", "prediction")
 .show(truncate=False))
```

執行該程式碼，將會得到結果如下：

commonAuthors	probability	prediction
0	[0.7540494940434322,0.24595050595656787]	0.0
1	[0.7540494940434322,0.24595050595656787]	0.0
2	[0.0536835525078107,0.9463164474921892]	1.0
10	[0.0536835525078107,0.94631644749211892]	1.0

如果我們的 commonAuthors 值小於 2，那麼兩個作者之間 75% 不會有合作關係，所以我們的模型會預測為 0。如果我們的 commonAuthors 值為 2 或更大，作者之間存在關係的機率有 94%，因此我們的模型預測為 1。

現在讓我們的模型對測試資料集作評估。儘管有幾種方法可以評估模型的效能，但大多數方法都是根據一些基線預測指標得出的，如表 8-1 所示。

表 8-1 預測指標

指標	公式	描述
準確度（Accuracy）	$\dfrac{TruePositives + TrueNegatives}{TotalPredictions}$	代表我們的模型預測正確的一個分數，即正確預測的總數除以預測總數。請注意，準確度本身可能會產生誤導，尤其是在我們的資料不平衡的情況下。例如，如果我們有一個包含 95 隻貓和 5 隻狗的資料集，並且我們的模型預測每個圖像都是一隻貓，那麼儘管錯誤識別所有的狗，我們仍然會得到 95% 的準確度分數。
靈敏度（Precision）	$\dfrac{TruePositives}{TruePositives + FalsePositives}$	陽性識別的正確率。低精確性表示假陽性更高。不產生假陽性的模型，靈敏度為 1.0。

指標	公式	描述
召回率 （Recall，真陽性率 true positive rate）	$$\frac{TruePositives}{TruePositives + FalseNegatives}$$	在實際值為陽性的情況下，成功預測為陽性的比例，低召回率表示假陰性更高。不產生假陰性的模型，其召回率為 1.0。
假陽性率 （False positive rate）	$$\frac{FalsePositives}{TruePositives + FalseNegatives}$$	在實際值為陰性的情況下，錯誤預測為陽性的比例，高分表示更多的假陽性。
接收者操作特徵 （ROC）曲線	X-Y chart	ROC 曲線是在不同的分類閾值下，將 Recall（真陽性率）與假陽性率繪製出來的關係圖。曲線下面積（AUC）指的是在 X-Y 座標軸中，接收者操作特徵曲線在 (0,0) 到 (1,1) 區間，線段下方的面積。

我們將使用準確度、靈敏度、召回率和 ROC 曲線來評估我們的模型。準確度是一個粗略的度量，所以我們將重點放在提高整體靈敏度和召回率。我們將使用 ROC 曲線比較各個特徵如何改變預測率。

 依我們想做的目標工作不同，想要使用的測量值可能也不同。例如，雖然對於疾病指標來說，我們會想要消除所有的假陰性，但我們同時也不想要看到將所有預測都推向預測為陽性的情況。我們可以為不同模型設定多重閾值，這些模型會將部分結果傳給第二階段的觀察，以查看預測失敗的可能性。

降低分類閾值會導致更全面的陽性結果，進而增加假陽性和真陽性。

我們用以下的函式計算這些預測指標值：

```
def evaluate_model(model, test_data):
    # 對測試資料集合執行模型
    predictions = model.transform(test_data)

    # 計算真陽性、假陽性以及假陰性
    tp = predictions[(predictions.label == 1) &
                     (predictions.prediction == 1)].count()
    fp = predictions[(predictions.label == 0) &
                     (predictions.prediction == 1)].count()
    fn = predictions[(predictions.label == 1) &
                     (predictions.prediction == 0)].count()

    # 計算召回率和靈敏度
    recall = float(tp) / (tp + fn)
    precision = float(tp) / (tp + fp)
```

```
# 使用 Spark MLlib 的二元分類器計算準確度
accuracy = BinaryClassificationEvaluator().evaluate(predictions)

# 使用 sklearn 的函式計算假陽性率以及真陽性率
labels = [row["label"] for row in predictions.select("label").collect()]
preds = [row["probability"][1] for row in predictions.select
            ("probability").collect()]
fpr, tpr, threshold = roc_curve(labels, preds)
roc_auc = auc(fpr, tpr)

return { "fpr": fpr, "tpr": tpr, "roc_auc": roc_auc, "accuracy": accuracy,
        "recall": recall, "precision": precision }
```

我們將會撰寫一個函式，用更容易使用的格式顯示結果：

```
def display_results(results):
    results = {k: v for k, v in results.items() if k not in
                    ["fpr", "tpr", "roc_auc"]}
    return pd.DataFrame({"Measure": list(results.keys()),
                    "Score": list(results.values())})
```

我們可以用下面的程式碼呼叫該函式，並顯示結果：

```
basic_results = evaluate_model(basic_model, test_data)
display_results(basic_results)
```

共同作者模型的預測指標值為：

measure	score
accuracy	0.864457
recall	0.753278
precision	0.968670

這是一個不錯的開始，因為我們僅僅是根據我們的作者共享的合著作者的數量來預測未來的合作而已。然而，如果我們把這些指標放在一起考慮的話，就會看到一個完整的結果。例如，該模型的靈敏度為 0.968670，這意味著它非常擅長預測連結的存在。然而，我們的召回率是 0.753278，這意味著它不善於預測何時連結不存在。

我們也可以使用以下的函式描繪 ROC 曲線（真陽性與假陽性的關聯）：

```
def create_roc_plot():
    plt.style.use('classic')
    fig = plt.figure(figsize=(13, 8))
    plt.xlim([0, 1])
```

```
    plt.ylim([0, 1])
    plt.ylabel('True Positive Rate')
    plt.xlabel('False Positive Rate')
    plt.rc('axes', prop_cycle=(cycler('color',
                   ['r', 'g', 'b', 'c', 'm', 'y', 'k'])))
    plt.plot([0, 1], [0, 1], linestyle='--', label='Random score
                   (AUC = 0.50)')
    return plt, fig

def add_curve(plt, title, fpr, tpr, roc):
    plt.plot(fpr, tpr, label=f"{title} (AUC = {roc:0.2})")
```

像這樣呼叫它：

```
plt, fig = create_roc_plot()

add_curve(plt, "Common Authors",
          basic_results["fpr"], basic_results["tpr"], basic_results["roc_auc"])

plt.legend(loc='lower right')
plt.show()
```

我們可以在圖 8-9 中看到這個基礎模型的 ROC 曲線。共享作者模型給出曲線下面積
（AUC）評分是 0.86。雖然這為我們提供了一個全面的預測指標，但我們需要一個圖
表（或其他指標）來評估這是否符合我們的目標。在圖 8-9 中，我們看到，當我們接近
80% 的真陽性率（召回率），我們的假陽性率達到 20% 左右。對詐欺檢測來說，這樣的
情況可能會有問題，因為誤報的追查成本很高。

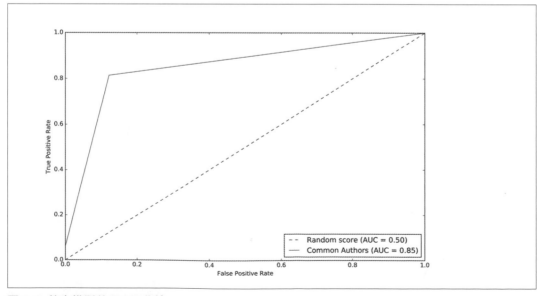

圖 8-9 基本模型的 ROC 曲線。

現在使用其他的圖表特徵來看看是否可以改進我們的預測。在訓練我們的模型之前，讓我們看看資料是如何分佈的。我們可以執行以下程式碼來顯示每個圖形功能的描述性統計資訊：

```
(training_data.filter(training_data["label"]==1)
 .describe()
 .select("summary", "commonAuthors", "prefAttachment", "totalNeighbors")
 .show())

(training_data.filter(training_data["label"]==0)
 .describe()
 .select("summary", "commonAuthors", "prefAttachment", "totalNeighbors")
 .show())
```

我們可以在下面的表中看到執行這些程式碼的結果。

summary	commonAuthors	prefAttachment	totalNeighbors
count	81096	81096	81096
mean	3.5959233501035808	69.93537289138798	10.082408503502021
stddev	4.715942231635516	171.47092255919472	8.44109970920685
min	0	1	2
max	44	3150	90

summary	commonAuthors	prefAttachment	totalNeighbors
count	81096	81096	81096
mean	0.37666469369635985	48.18137762651672	12.97586810693499
stddev	0.6194576095461857	94.92635344980489	10.082991078685803
min	0	1	1
max	9	1849	89

連結（共同作者關係）和無連結（無共同作者關係）之間差異較大的特徵，由於區分性更好，所以應該更具預測性。合作過的作者 prefAttachment 的平均值比沒有合作過的作者要高。相對於 commonAuthors 來說，這種差異更為顯著。我們注意到 totalNeighbors 的值沒有太大的差別，這可能意味著這個特徵不能很好地進行預測。還有，值得關注的是標準差大小，以及偏好依附原則的最小值和最大值。這符合我們對集中節點（超級連接）的小世界網路的期望。

現在讓我們用以下的程式碼訓練一個新模型，加入偏好依附原則以及鄰居總聯集：

```
fields = ["commonAuthors", "prefAttachment", "totalNeighbors"]
graphy_model = train_model(fields, training_data)
```

現在讓我們執行該模型,並顯示結果:

```
graphy_results = evaluate_model(graphy_model, test_data)
display_results(graphy_results)
```

該圖形模型的預測指標有:

measure	score
accuracy	0.978351
recall	0.924226
precision	0.943795

我們的準確度和召回率有很大的提升,但是靈敏度下降了一點,我們仍然錯誤分類了 8%
的連結。透過以下的程式碼,我們繪製 ROC 曲線,並將我們的基本模型和圖形模型進行
比較:

```
plt, fig = create_roc_plot()

add_curve(plt, "Common Authors",
          basic_results["fpr"], basic_results["tpr"],
                          basic_results["roc_auc"])

add_curve(plt, "Graphy",
          graphy_results["fpr"], graphy_results["tpr"],
                          graphy_results["roc_auc"])

plt.legend(loc='lower right')
plt.show()
```

我們可以在圖 8-10 中看到輸出結果:

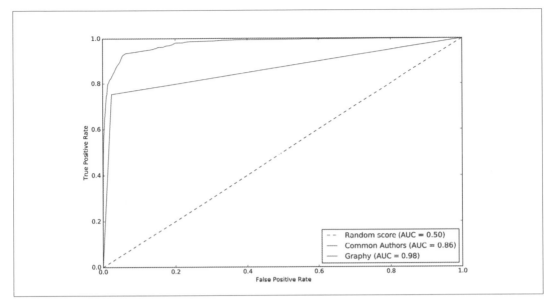

圖 8-10 圖形模型的 ROC 曲線。

整體來說，我們朝著正確的方向前進，視覺化比較有助於瞭解不同模型對結果的影響。

現在我們有了多個特徵，我們要評估哪些特徵產生的差異最大。我們將使用特徵重要性（feature importance）對不同特徵對模型預測的影響進行排序。這使我們能夠評估不同演算法和統計資料對結果的影響。

 為了計算特徵重要性，Spark中的隨機森林演算法對森林中所有樹減少的不純度作平均。不純度（impurity）是隨機分配的標籤錯誤的頻率。

特徵排名與我們正在評估的一群特徵進行比較，通常是標準化為1。如果我們將一個特徵排序，取得它的特徵重要性是1.0，那表示它對模型有100%的影響。

以下的函式會建立圖表，這個圖表會顯示最有影響力的特徵：

```
def plot_feature_importance(fields, feature_importances):
    df = pd.DataFrame({"Feature": fields, "Importance": feature_importances})
    df = df.sort_values("Importance", ascending=False)
    ax = df.plot(kind='bar', x='Feature', y='Importance', legend=None)
    ax.xaxis.set_label_text("")
    plt.tight_layout()
    plt.show()
```

然後像這樣呼叫它:

```
rf_model = graphy_model.stages[-1]
plot_feature_importance(fields, rf_model.featureImportances)
```

執行該函式的結果,見圖 8-11。

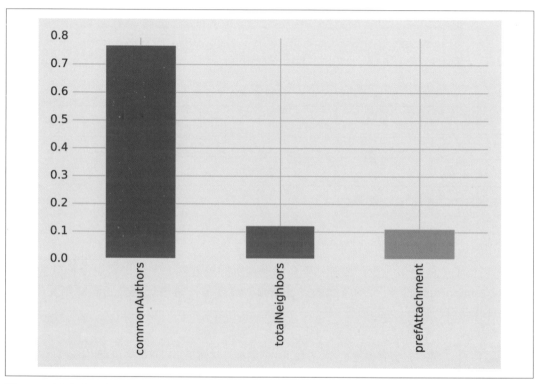

圖 8-11 特徵重要性:圖型模型。

到目前為止,我們使用的三個特徵的圖形模型中,commonAuthors 是最重要的特徵。

為了瞭解預測模型是如何建立的,我們可以使用 spark-tree-plotting 函式庫(*https://bit. ly/2usxOf2*)來視覺化隨機森林中的一個決策樹。以下的程式碼會產生一個 GraphViz 檔案(*http://www.graphviz.org*):

```
from spark_tree_plotting import export_graphviz

dot_string = export_graphviz(rf_model.trees[0],
    featureNames=fields, categoryNames=[], classNames=["True", "False"],
    filled=True, roundedCorners=True, roundLeaves=True)
```

```
with open("/tmp/rf.dot", "w") as file:
    file.write(dot_string)
```

我們可以在終端機下命令，產生一個該檔案的視覺化呈現：

```
dot -Tpdf /tmp/rf.dot -o /tmp/rf.pdf
```

該命令的輸出結果如圖 8-12。

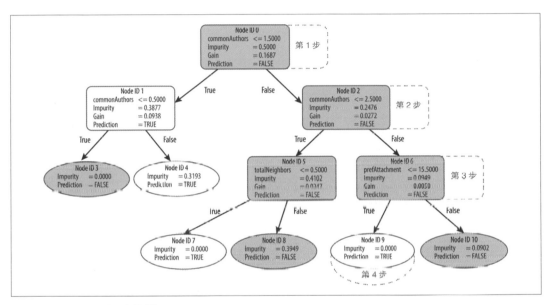

圖 8-12 視覺化一個決策樹。

假設我們使用這個決策樹來預測一對具有以下特徵的節點是否連結：

commonAuthors	preattAchment	totalNeighbors
10	12	5

我們的隨機森林透過幾個步驟來建立一個預測：

1. 我們從 node 0 開始，由於 commonAuthors 超過 1.5，所以我們沿著 False 分支向下到 node 2。

2. 到這裡 commonAuthors 超過 2.5，所以我們遵循 False 分支到 node 6。

3. 我們的 prefAttachment 低於 15.5，這將把我們帶到 node 9。

4. node 9 是這個決策樹中的一個葉節點，這意味著我們不需要再檢查任何條件——這個節點上的 Prediction（即 True）就是決策樹的預測結果。

5. 最後，隨機森林將評估該目標的結果與其他決策樹的集合結果進行比較，並取得占多數的預測結果。

現在讓我們看看添加更多的圖形功能。

預測連結：三角形和聚類係數

有效的推薦解決方案通常根據某種形式的三角形度量值進行預測，所以讓我們看看它們是否對我們的範例有進一步的幫助。我們可以透過執行以下查詢來計算節點的三角形數量及聚類係數：

```
CALL algo.triangleCount('Author', 'CO_AUTHOR_EARLY', { write:true,
  writeProperty:'trianglesTrain', clusteringCoefficientProperty:
              'coefficientTrain'});

CALL algo.triangleCount('Author', 'CO_AUTHOR', { write:true,
  writeProperty:'trianglesTest', clusteringCoefficientProperty:
              'coefficientTest'});
```

以下的函式會將這些特徵加到我們的 DataFrame 中：

```
def apply_triangles_features(data, triangles_prop, coefficient_prop):
    query = """
    UNWIND $pairs AS pair
    MATCH (p1) WHERE id(p1) = pair.node1
    MATCH (p2) WHERE id(p2) = pair.node2
    RETURN pair.node1 AS node1,
           pair.node2 AS node2,
           apoc.coll.min([p1[$trianglesProp], p2[$trianglesProp]])
                                               AS minTriangles,
           apoc.coll.max([p1[$trianglesProp], p2[$trianglesProp]])
                                               AS maxTriangles,
           apoc.coll.min([p1[$coefficientProp], p2[$coefficientProp]])
                                               AS minCoefficient,
           apoc.coll.max([p1[$coefficientProp], p2[$coefficientProp]])
                                               AS maxCoefficient
    """
    params = {
        "pairs": [{"node1": row["node1"], "node2": row["node2"]}
                          for row in data.collect()],
        "trianglesProp": triangles_prop,
```

```
        "coefficientProp": coefficient_prop
    }
    features = spark.createDataFrame(graph.run(query, params).to_data_frame())
    return data.join(features, ["node1", "node2"])
```

 請注意，我們使用了 min 和 max 當作三角形計數和聚類係數演算法的前綴。我們需要一種方法來防止我們的模型根據從無向圖傳入的作者對順序進行學習。為了做到這一點，我們已經用最小計數和最大計數將這些特徵分割開來。

使用以下的程式碼，我們可以對我們的訓練和測試 DataFrame 套用這個函式：

```
training_data = apply_triangles_features(training_data,
                                "trianglesTrain", "coefficientTrain")
test_data = apply_triangles_features(test_data,
                                "trianglesTest", "coefficientTest")
```

使用以下的程式碼可以顯示每個三角形特徵的描述性統計值：

```
(training_data.filter(training_data["label"]==1)
 .describe()
 .select("summary", "minTriangles", "maxTriangles",
                "minCoefficient", "maxCoefficient")
 .show())

(training_data.filter(training_data["label"]==0)
 .describe()
 .select("summary", "minTriangles", "maxTriangles", "minCoefficient",
                                        "maxCoefficient")
 .show())
```

我們可以執行上面的程式碼，結果會顯示在下表中：

summary	minTriangles	maxTriangles	minCoefficient	maxCoefficient
count	81096	81096	81096	81096
mean	19.478260333431983	27.73590559337082	0.5703773654487051	0.8453786164620439
stddev	65.7615282768483	74.01896188921927	0.3614610553659958	0.2939681857356519
min	0	0	0.0	0.0
max	622	785	1.0	1.0

summary	minTriangles	maxTriangles	minCoefficient	maxCoefficient
count	81096	81096	81096	81096
mean	5.754661142349808	35.651980368945445	0.49048921333297446	0.860283935358397
stddev	20.639236521699	85.82843448272624	0.3684138346533951	0.2578219623967906
min	0	0	0.0	0.0
max	617	785	1.0	1.0

請注意，在這個比較中，合著關係和非合著關係間差異不大，這可能意味著這些特徵並不是具有預測性的。我們可以用以下的程式碼訓練其他的模型：

```
fields = ["commonAuthors", "prefAttachment", "totalNeighbors",
          "minTriangles", "maxTriangles", "minCoefficient", "maxCoefficient"]
triangle_model = train_model(fields, training_data)
```

現在我們執行該模型，並顯示結果：

```
triangle_results = evaluate_model(triangle_model, test_data)
display_results(triangle_results)
```

三角形模型的預測指標如下表：

measure	score
accuracy	0.992924
recall	0.965384
precision	0.958582

透過將每個新特徵加到之前的模型中，我們的預測指標得到了很好的提升，讓我們用以下的程式碼，將我們的三角形模型加到 ROC 曲線圖表中：

```
plt, fig = create_roc_plot()

add_curve(plt, "Common Authors",
          basic_results["fpr"], basic_results["tpr"], basic_results["roc_auc"])

add_curve(plt, "Graphy",
          graphy_results["fpr"], graphy_results["tpr"],
                              graphy_results["roc_auc"])

add_curve(plt, "Triangles",
          triangle_results["fpr"], triangle_results["tpr"],
                              triangle_results["roc_auc"])

plt.legend(loc='lower right')
plt.show()
```

我們可以在圖 8-13 中看到結果：

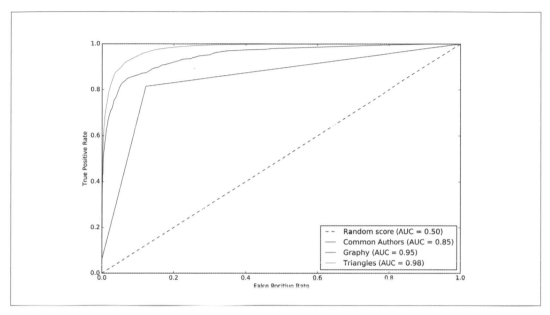

圖 8-13 三角形模型的 ROC 曲線。

我們的模型已經得到了全面的改進，並且我們的預測指標高於 90。這通常是開始變得困難的時候了，因為目前得到的是最容易產生的收護，但仍有改進的空間。讓我們看看重要特徵的影響：

```
rf_model = triangle_model.stages[-1]
plot_feature_importance(fields, rf_model.featureImportances)
```

執行該功能的結果如圖 8-14 所示。common authors 特徵仍然對我們的模型有最大的單一影響。也許我們需要看看新的方向，看看當我們添加社群資訊時會發生什麼。

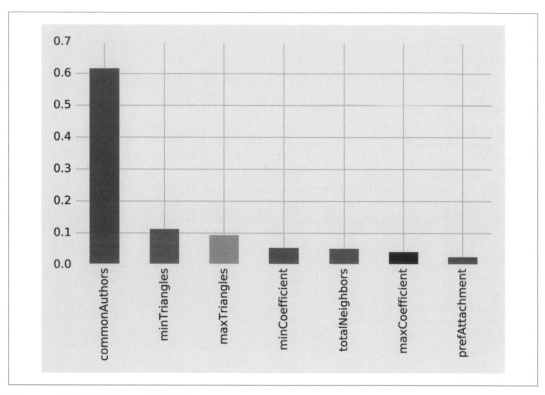

圖 8-14 特徵重要性：三角形模型。

預測連結：社群檢測

我們假設，在同一社群中的節點如果還沒有連結，那麼它們之間更有可能存在連結。此外，我們相信社群越緊密，更可能存在連結。

首先，我們將使用 Neo4j 中的標籤傳播演算法來計算大範圍的社群。我們透過執行以下查詢來達成這一點，該查詢將測試資料集合中的社群儲存在 partitionTrain 屬性，將訓練資料集合中的社群儲存在 partitionTest 中：

```
CALL algo.labelPropagation("Author", "CO_AUTHOR_EARLY", "BOTH",
  {partitionProperty: "partitionTrain"});

CALL algo.labelPropagation("Author", "CO_AUTHOR", "BOTH",
  {partitionProperty: "partitionTest"});
```

我們還將使用 Louvain 演算法計算更小範圍的群組。Louvain 演算法會回傳中間分群，而且我們將會把訓練資料集合中最小分群儲存在 `louvainTrain` 屬性中，測試資料集中最小的群儲存在 `louvainTest` 中：

```
CALL algo.louvain.stream("Author", "CO_AUTHOR_EARLY",
                         {includeIntermediateCommunities:true})
YIELD nodeId, community, communities
WITH algo.getNodeById(nodeId) AS node, communities[0] AS smallestCommunity
SET node.louvainTrain = smallestCommunity;

CALL algo.louvain.stream("Author", "CO_AUTHOR",
                         {includeIntermediateCommunities:true})
YIELD nodeId, community, communities
WITH algo.getNodeById(nodeId) AS node, communities[0] AS smallestCommunity
SET node.louvainTest = smallestCommunity;
```

我們現在將要建立以下的函式，用來回傳演算法的結果：

```
def apply_community_features(data, partition_prop, louvain_prop):
    query = """
    UNWIND $pairs AS pair
    MATCH (p1) WHERE id(p1) = pair.node1
    MATCH (p2) WHERE id(p2) = pair.node2
    RETURN pair.node1 AS node1,
           pair.node2 AS node2,
           CASE WHEN p1[$partitionProp] = p2[$partitionProp] THEN
                     1 ELSE 0 END AS samePartition,
           CASE WHEN p1[$louvainProp] = p2[$louvainProp] THEN
                     1 ELSE 0 END AS sameLouvain
    """
    params = {
        "pairs": [{"node1": row["node1"], "node2": row["node2"]} for
                            row in data.collect()],
        "partitionProp": partition_prop,
        "louvainProp": louvain_prop
    }
    features = spark.createDataFrame(graph.run(query, params).to_data_frame())
    return data.join(features, ["node1", "node2"])
```

使用以下的程式碼，我們可以在 Spark 中將這個函式套用在訓練和測試 DataFrame 上：

```
training_data = apply_community_features(training_data,
                                    "partitionTrain", "louvainTrain")
test_data = apply_community_features(test_data, "partitionTest", "louvainTest")
```

可以執行這個程式碼，看看我們的節點對是否身處於同一個分群中：

```python
plt.style.use('fivethirtyeight')
fig, axs = plt.subplots(1, 2, figsize=(18, 7), sharey=True)
charts = [(1, "have collaborated"), (0, "haven't collaborated")]

for index, chart in enumerate(charts):
    label, title = chart
    filtered = training_data.filter(training_data["label"] == label)
    values = (filtered.withColumn('samePartition',
                F.when(F.col("samePartition") == 0, "False")
                                    .otherwise("True"))
               .groupby("samePartition")
               .agg(F.count("label").alias("count"))
               .select("samePartition", "count")
               .toPandas())
    values.set_index("samePartition", drop=True, inplace=True)
    values.plot(kind="bar", ax=axs[index], legend=None,
                title=f"Authors who {title} (label={label})")
    axs[index].xaxis.set_label_text("Same Partition")

plt.tight_layout()
plt.show()
```

程式碼的執行結果如圖 8-15。

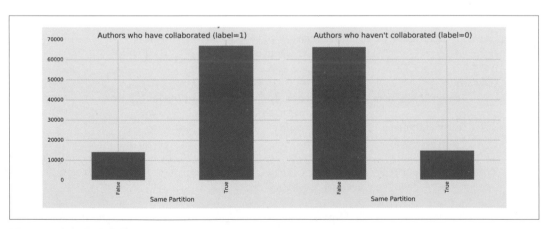

圖 8-15 在相同的群組。

看起來這個特徵是非常具有預測性的——合作過的作者比沒有合作過的作者更有可能在同一個群組中。藉由以下的程式碼，我們可以用 Louvain 分群做到一樣的功能：

```
plt.style.use('fivethirtyeight')
fig, axs = plt.subplots(1, 2, figsize=(18, 7), sharey=True)
charts = [(1, "have collaborated"), (0, "haven't collaborated")]

for index, chart in enumerate(charts):
    label, title = chart
    filtered = training_data.filter(training_data["label"] == label)
    values = (filtered.withColumn('sameLouvain',
                F.when(F.col("sameLouvain") == 0, "False")
                                    .otherwise("True"))
                .groupby("sameLouvain")
                .agg(F.count("label").alias("count"))
                .select("sameLouvain", "count")
                .toPandas())
    values.set_index("sameLouvain", drop=True, inplace=True)
    values.plot(kind="bar", ax=axs[index], legend=None,
                title=f"Authors who {title} (label={label})")
    axs[index].xaxis.set_label_text("Same Louvain")

plt.tight_layout()
plt.show()
```

我們可以在圖 8-16 中看到執行程式碼後的結果。

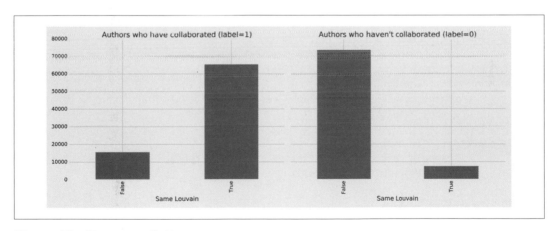

圖 8-16 同一個 Louvain 集群。

看起來這個特徵也可以很好地預測——合作過的作者很可能在同一個集群中，而那些沒有合作過的作者不太可能在同一個集群中。

可以執行以下的程式碼，訓練另外一個模型：

```
fields = ["commonAuthors", "prefAttachment", "totalNeighbors",
          "minTriangles", "maxTriangles", "minCoefficient", "maxCoefficient",
          "samePartition", "sameLouvain"]
community_model = train_model(fields, training_data)
```

現在讓我們執行該模型，並顯示結果：

```
community_results = evaluate_model(community_model, test_data)
display_results(community_results)
```

社群模型的預測指標結果為：

measure	score
accuracy	0.995771
recall	0.957088
precision	0.978674

同樣的指標也被提升了，為了做比較，讓我們用以下的程式碼，將我們所有的模型都畫到 ROC 曲線上：

```
plt, fig = create_roc_plot()

add_curve(plt, "Common Authors",
          basic_results["fpr"], basic_results["tpr"], basic_results["roc_auc"])

add_curve(plt, "Graphy",
          graphy_results["fpr"], graphy_results["tpr"],
          graphy_results["roc_auc"])

add_curve(plt, "Triangles",
          triangle_results["fpr"], triangle_results["tpr"],
          triangle_results["roc_auc"])

add_curve(plt, "Community",
          community_results["fpr"], community_results["tpr"],
          community_results["roc_auc"])

plt.legend(loc='lower right')
plt.show()
```

結果如圖 8-17。

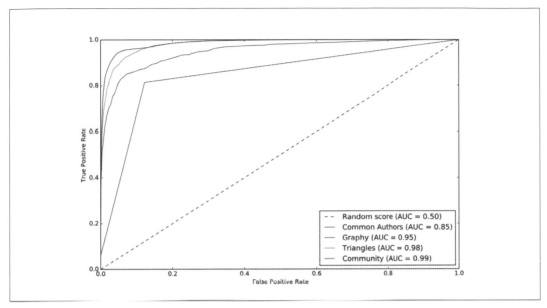

圖 8-17 社群模型的 ROC 曲線。

我們可以看到隨著社群模型的增加而得到的改進,所以讓我們看看哪些是最重要的特徵:

```
rf_model = community_model.stages[-1]
plot_feature_importance(fields, rf_model.featureImportances)
```

可以在圖 8-18 中看到執行該函數的結果。

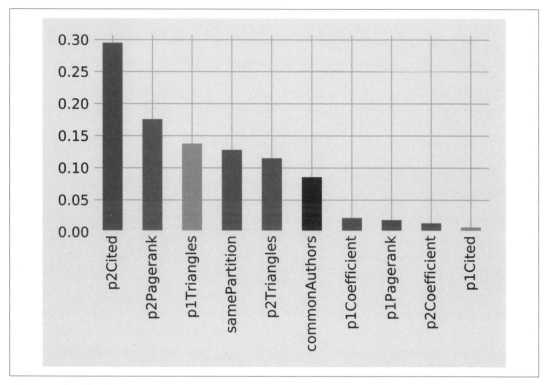

圖 8-18 特徵重要性：社群模型。

儘管共享作者模型總體上非常重要，但最好避免有一個元素過度占主導地位，它可能會扭曲對新資料的預測。社群檢測演算法包括所有的特徵，在我們的最後一個模型中有很大的影響，這有助於完善我們的預測方法。

我們在範例中看到，簡單圖形特徵是一個良好的開頭，然後隨著我們添加更多基於圖形和圖形演算法的特徵，繼續改進了我們的預測指標。我們現在有了一個好的、平衡的模型來預測合著關係。

使用圖形進行關聯特徵提取可以顯著提高我們的預測。理想的圖形特徵和演算法取決於資料的屬性，包括網路領域和圖形形狀。我們建議首先考慮資料中的預測元素，並在微調之前測試具有不同類型連接特徵的假設。

讀者練習

有幾個方面值得探索，也還有數種建立其他模型的方法。下面是一些進一步探索的想法：

- 我們之前沒有用到研討會資料，我們的模型對研討會資料的預測性如何？

- 測試新資料時，刪除某些特徵會發生什麼事？

- 訓練和測試的年數劃分是否會影響我們的預測？

- 此資料集中也包含在論文的引文；我們可以使用該資料生成不同的特徵或預測未來引文嗎？

本章總結

在本章中，我們研究了使用圖形特徵和演算法來增強機器學習。我們介紹了一些初步概念，然後透過一個整合 Neo4j 和 Apache Sark 進行連結預測的詳細範例。我們說明了如何評估隨機森林分類器模型，並結合各種類型的關聯特徵來改進我們的結果。

結語

在本書中，我們將介紹圖形概念、處理平台和分析。然後，我們介紹了在 Apache Spark 和 Neo4j 中如何使用圖形演算法的許多實際範例，我們最後看到圖形如何增強機器學習。

圖形演算法是分析現實系統的強大後盾——從防止詐欺和優化呼叫路由到預測流感的傳播。我們希望您加入我們，利用當今高度互聯的資料，開發自己獨特的解決方案。

其他資訊和資源

本節我們將快速介紹可能對某些讀者有幫助的附加資訊。我們將研究其他類型的演算法、將資料導入 Neo4j 的其他方法，以及另一個程式函式庫。還有一些用於查找資料集、平台說明和培訓的資源。

其他演算法

很多演算法可以用於圖形資料。在這本書中，我們重點介紹了那些最能代表經典圖形演算法的演算法，以及那些對應用程式開發人員最有用的演算法。有些演算法，如著色和啟發式演算法被省略了，因為它們不是更適用於學術界案例，就是很容易得到相關說明。

其他演算法，如某於邊緣的社群檢測，它很有趣，但還沒有在 Neo4j 或 Apache Shark 中實現。我們預計隨著圖形分析使用量的增加，兩個平台中支援的圖形演算法數量將會增加。

還有一些演算法與圖形一起使用，但本質上並不是嚴格的圖形。例如，我們在第 8 章中機器學習環境中使用的一些演算法。另一個值得注意的領域是相似性演算法，它通常應用於推薦和連結預測。相似性演算法透過使用不同的方法來比較節點屬性，從而找出最相似的節點。

Neo4j 整批資料導入和 Yelp 資料集合

透過 Cypher 查詢語言使用交易式方法將資料導入 Neo4j ，圖 A-1 概述了此流程。

圖 A-1 用 Cypher 導入。

雖然此方法對於增量式資料載入或大容量（上限 1000 萬條記錄）載入很實用，但是在初期導入大容量資料集時，Neo4j 導入工具是更好的選擇。該工具直接建檔儲存，跳過交易記錄，如圖 A-2 所示。

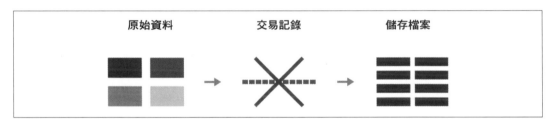

圖 A-2 使用 Neo4j 導入工具。

Neo4j 導入工具能處理 CSV 檔，並期望這些檔具有特定的標頭。圖 A-3 顯示了該工具可以處理的 CSV 檔的範例。

節點	id:ID(User)	name		id:ID(Review)	text	stars
	1234	Bob		678	Awesome	3
	1235	Alice		679	Mediocre	2
	1236	Erika		680	Really bad	1

關係	:START_ID(User)	:END_ID(Review)
	1234	678
	1235	679
	1236	680

圖 A-3 Neo4j 導入處理的 CSV 檔案格式。

從 Yelp 資料集合的大小來看，Neo4j 導入工具是將 Yelp 資料集合導入 Neo4j 的最佳選擇。Yelp 資料集合是 JSON 格式，因此，首先我們需要將其轉換為 Neo4j 導入工具所期望的格式。圖 A-4 顯示了需要轉換的 JSON 格式的一個範例。

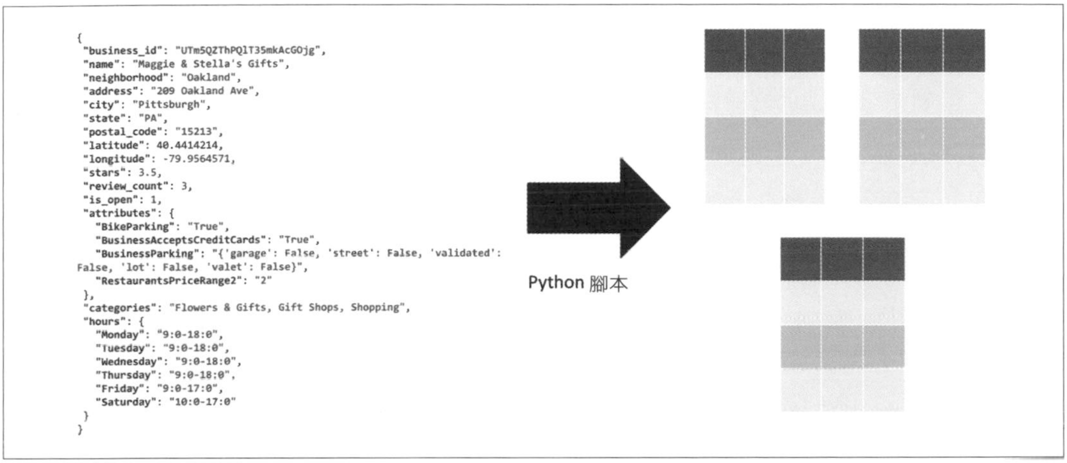

```
{
    "business_id": "UTm5QZThPQlT35mkAcGOjg",
    "name": "Maggie & Stella's Gifts",
    "neighborhood": "Oakland",
    "address": "209 Oakland Ave",
    "city": "Pittsburgh",
    "state": "PA",
    "postal_code": "15213",
    "latitude": 40.4414214,
    "longitude": -79.9564571,
    "stars": 3.5,
    "review_count": 3,
    "is_open": 1,
    "attributes": {
        "BikeParking": "True",
        "BusinessAcceptsCreditCards": "True",
        "BusinessParking": "{'garage': False, 'street': False, 'validated':
False, 'lot': False, 'valet': False}",
        "RestaurantsPriceRange2": "2"
    },
    "categories": "Flowers & Gifts, Gift Shops, Shopping",
    "hours": {
        "Monday": "9:0-18:0",
        "Tuesday": "9:0-18:0",
        "Wednesday": "9:0-18:0",
        "Thursday": "9:0-18:0",
        "Friday": "9:0-17:0",
        "Saturday": "10:0-17:0"
    }
}
```

Python 腳本

圖 A-4 將 JSON 轉換成 CSV。

使用 Python，我們可以建立一個簡單的腳本，用來將資料轉換成 CSV 檔。資料轉換到目標格式之後，就可以將資料匯入 Neo4j。在本書的資源庫（*https://bit.ly/2FPgGVV*）中有詳細的說明來解釋如何做到這一點。

APOC 和其他 Neo4j 工具

Awesome Procedures on Cypher（APOC）（*https://bit.ly/2JDfSbS*）是一個包含 450 多個程式和函式的函式庫，用於協助完成常見任務，如資料整合、資料清理和資料轉換，以及常規輔助功能。APOC 是 Neo4j 的標準函式庫。

Neo4j 也有其他工具可以與他們的圖形演算法庫結合使用，例如用於無程式碼探索的演算法 *playground* app。這些可以在他們的圖形演算法開發網站（*https://neo4j.com/developer/graph-algorithms*）上找到。

找尋資料集

找到一個符合測試目標或假設的圖形資料集合，可能是很有挑戰性的一件事。除了閱讀研究論文外，可考慮探索索引網站來找到想要的網路資料集合：

- The Stanford Network Analysis Project（SNAP）（*https://snap.stanford.edu/index.html*）包括幾個資料集合以及相關論文和使用指南。

- The Colorado Index of Complex Networks（ICON）（*https://icon.coladora.edu/*）是一個可搜索的索引，包含網路科學各個領域的研究品質網路資料集合。

- The Koblenz Network Collection（KONECT）（*http://konect.uni-koblenz.de/*）包括各種類型的大型網路資料集合，以便進行網路科學研究。

大多數資料集都需要一些處理，來將其轉換為更有用的格式。

在 Apache Spark 和 Neo4j 平台

Apache Spark 和 Neo4j 平台有許多線上資源。如果您有特定的問題，我們鼓勵您聯繫他們各自的社群：

- 關於一般的 Spark 問題，請在 Spark 社群頁面（*https://bit.ly/2UXMmyI*）上訂閱 *users@spark.apache.org*。

- 關於 GraphFrames 的問題，請使用 Github 問題追蹤器（*https://bit.ly/2YqnYrs*）。

- 關於所有 Neo4j 問題（包括圖形演算法），請訪問線上 Neo4j 社群（*https://community.Neo4j.com/*）。

培訓

有許多優良的資源可用於開始圖形分析。搜索關於圖形演算法、網路科學和網路分析的課程或書籍將發現許多選擇，線上學習的好範例如下：

- 在 Python 課程中的 Coursera's Applied Social Network Analysis（*https://bit.ly/2U87jtx*）。

- Leonid Zhukov's Social Network Analysis YouTube 系列影片（*https://bit.ly/2Wq77n9*）。

- Stanford's Analysis of Networks 課程（*http://web.stanford.edu/class/cs224w/*），包括線上影像課程、閱讀清單以及其他資源。

- Complexity Explorer（*https://www.complexityexplorer.org/*）提供複雜性科學的線上課程。

索引

※提醒您：由於翻譯書排版的關係，部份索引名詞的對應頁碼會和實際頁碼有一頁之差。

O

P

關於作者

Mark Needham 是一個圖形擁護者,並在 Neo4j 擔任 Developer Relations 工程師。他致力於幫助使用者擁抱圖形和 Neo4j,為困難的資料問題建構複雜的解決方案。Mark 在圖形資料方面擁有深厚的專業知識,曾幫助建構 Neo4j 的 Causal Clustering 系統。他在自己的熱門的部落格 *https://markhneedham.com/blog/* 和 tweets@*markhneedham*(*https://twitter.com/markhneedham*)寫下了自己成為一名圖形設計師的經歷。

Amy E. Hodler 投身於網路科學,也是 Neo4j 的人工智慧和圖形分析專案經理。她提倡使用圖形分析來揭示現實網路中的結構並預測動態行為。Amy 幫助團隊採用新穎的方法創造新的機會,曾與 EDS、Microsoft、Hewlett-Packard(HP)、Hitachi IoT 和 Cray Inc. 等公司合作。Amy 熱愛科學和藝術,對複雜性研究和圖論充滿興趣。她的推特 @*amyhodler*(*https://twitter.com/amyhodler*)。

出版記事

本書封面上的動物是歐洲花園蜘蛛(*Araneus diadematus*),一種在歐洲和北美常見的蜘蛛,牠是無意間被歐洲殖民者引入北美的。

歐洲花園蜘蛛不到一英寸長,有著斑駁的棕色和蒼白的斑紋,其中有一些背面的花紋排成一個小的十字形,所以這種蜘蛛俗稱「十字蜘蛛」。這些蜘蛛在牠們的活動範圍內很常見,夏末的時候最常被注意到,因為牠們長到了最大尺寸,並開始編織牠們的網。

歐洲花園蜘蛛是圓網編織者(orb weaver),這表示牠們會編織一個圓形的網,捕捉網中的小昆蟲獵物。牠經常在晚上弄壞和重編網子,以確保並維持網子的牢固。當蜘蛛不在視野範圍內的時候,牠的一隻腳會停留在一條與網子相連的信號線上,這條信號線的震動會告訴蜘蛛有獵物在掙扎。接著,蜘蛛會快速移動、咬住獵物殺死牠,並向牠注入特殊的酶,使其能夠被吃掉。當牠們的網子被捕食者或無意的擾亂時,歐洲花園蜘蛛會用腳搖動牠們的網,讓絲線落在地上。當危險過去後,蜘蛛會用這個線再重新結網。

歐洲花園蜘蛛的壽命是一年,牠們在春天孵化後,會在夏天長大成熟,之後進行交配。當雄性蜘蛛要接近雌性蜘蛛時會非常地小心翼翼,因為雌性蜘蛛有時會殺死並吃掉雄性蜘蛛。完成交配後,雌性蜘蛛在秋天死去之前會為自己的卵編織一個緊密的繭。

由於歐洲花園蜘蛛很常見,並且適應了受人類干擾的棲息地,所以人們對牠們進行了很好的研究。1973 年,有兩隻名為阿拉貝拉(Arabella)和安妮塔(Anita)的雌性花園蜘蛛在 NASA 的 *Skylab* 軌道飛行器上被進行了實驗,以測試零重力對蜘蛛網結構的影響。在最初階段適應了失重環境之後,阿拉貝拉編織了一部分的網,後來又編織了一個完全成形的圓形網。

許多 O'Reilly 書籍封面上所介紹的動物都處於滅絕的危機當中；這些動物對世界而言都很重要。請造訪 *animals.oreilly.com* 網站，瞭解如何能在這方面貢獻自己的心力。

封面圖片是由 *Karen Montgomery* 所製作，並基於 *Meyers Kleines Lexicon* 的黑白雕刻而成。

圖形演算法｜Apache Spark 與 Neo4j 實務範例

作　　者：Mark Needham, Amy E. Hodler
譯　　者：張靜雯
企劃編輯：蔡彤孟
文字編輯：江雅鈴
設計裝幀：陶相騰
發 行 人：廖文良

發 行 所：碁峰資訊股份有限公司
地　　址：台北市南港區三重路 66 號 7 樓之 6
電　　話：(02)2788-2408
傳　　真：(02)8192-4433
網　　站：www.gotop.com.tw
書　　號：A603
版　　次：2019 年 11 月初版
建議售價：NT$580

國家圖書館出版品預行編目資料

圖形演算法：Apache Spark 與 Neo4j 實務範例 / Mark Needham, Amy
　E. Hodler 原著；張靜雯譯. -- 初版. -- 臺北市：碁峰資訊, 2019.11
　　面；　公分
　　譯自：Graph Algorithms
　　ISBN 978-986-502-309-6(平裝)
　　1.演算法　2.電腦圖形辨識
318.1　　　　　　　　　　　　　　　　　　　108016961

讀者服務

● 感謝您購買碁峰圖書，如果您
  對本書的內容或表達上有不清
  楚的地方或其他建議，請至碁
  峰網站：「聯絡我們」\「圖書問
  題」留下您所購買之書籍及問
  題。(請註明購買書籍之書號及
  書名，以及問題頁數，以便能
  儘快為您處理)
  http://www.gotop.com.tw

● 售後服務僅限書籍本身內容，
  若是軟、硬體問題，請您直接
  與軟體廠商聯絡。

● 若於購買書籍後發現有破損、
  缺頁、裝訂錯誤之問題，請直
  接將書寄回更換，並註明您的
  姓名、連絡電話及地址，將有
  專人與您連絡補寄商品。